马来熊饲养管理指南

广州动物园　组编

陈　武　主编

中国农业出版社

北　京

图书在版编目（CIP）数据

马来熊饲养管理指南 / 广州动物园组编；陈武主编
. —北京：中国农业出版社，2021.10
　　ISBN 978-7-109-28863-8

　　Ⅰ.①马… 　Ⅱ.①广… ②陈… 　Ⅲ.①熊科—饲养管
理—指南 　Ⅳ.①S865.3-62

中国版本图书馆 CIP 数据核字（2021）第 211955 号

中国农业出版社出版

地址：北京市朝阳区麦子店街 18 号楼
邮编：100125
责任编辑：王森鹤　周晓艳
版式设计：杨　婧　责任校对：沙凯霖
印刷：北京中兴印刷有限公司
版次：2021 年 10 月第 1 版
印次：2021 年 10 月北京第 1 次印刷
发行：新华书店北京发行所
开本：720mm×960mm　1/16
印张：8.25
字数：140 千字
定价：38.00 元

本书由广州动物园（广州市野生动物研究中心）
2019 年科研课题资助

特别鸣谢：中国动物园协会

编写人员

主　　编　陈　武（广州动物园）

副 主 编　徐春忠（上海野生动物园发展有限责任公司）

　　　　　袁耀华（上海动物园）

　　　　　崔媛媛（太原动物园）

科学顾问　沈管成（西安秦岭野生动物园）

　　　　　江　志（杭州动物园）

参　　编　单　芬（广州动物园）

　　　　　彭仕明（广州动物园）

　　　　　杜雪晴（广州动物园）

　　　　　代军威（广州动物园）

　　　　　吴亚江（广州动物园）

　　　　　陈足金（广州动物园）

　　　　　翟俊琼（广州动物园）

　　　　　吕梦娜（广州动物园）

　　　　　雷　钧（太原动物园）

　　　　　楼　毅（杭州动物园）

　　　　　黄　飞（杭州动物园）

　　　　　张天佑（广州长隆野生动物世界）

　　　　　金晓军（上海野生动物园发展有限责任公司）

　　　　　左智力（成都动物园）

　　　　　赵芳菊（沈阳森林动物园）

　　　　　花福有（深圳野生动物园）

　　　　　王志永（石家庄市动物园）

前　言

我国的动物园绝大部分是20世纪50年代以后建立的，熊类是动物园必不可少的展示物种，特别是我们称之为国宝的大熊猫。在半个多世纪的时间里，我国的动物园在不断进步。动物园动物的展出方式从最初的笼养展示到场景式展示，再到最近的沉浸式展示，使得圈养物种的生活环境不断改善。动物的饲养技术也在不断提高，从最初使动物个体在圈养环境中能够生存到保障他们的繁殖，使得圈养种群实现了可持续发展。经过我国几代动物园工作者的努力，在以大熊猫为代表的熊科动物中，许多动物园积累和掌握了大量关于熊类营养与日粮、繁育与人工辅助繁育、疾病治疗与防控、社群结构与行为研究、环境因子与野外重引入等的研究成果或饲养管理资料。动物园根据这些成果或资料，同时借助新技术来不断改善各个物种圈养种群的生活条件，努力提高动物福利，使得圈养物种的平均寿命得以延长，繁殖率提高，更保持了圈养濒危物种种群的活力，实现了科学发展并为野外重引入提供了优质资源。在此过程中，我国动物园系统形成了以成都市大熊猫繁育研究基地为代表，进行熊类保护与研究的多学科交叉的技术团队，对我国大熊猫的迁地保护（也称移地保护或易地保护）和野外重引入做出了极大的贡献。

在我国分布的熊类有棕熊、大熊猫、黑熊和马来熊四种。与国宝大熊猫相比，马来熊的野外分布数量和圈养数量都较少，其濒危程度远高于大熊猫，但是马来熊的受关注程度、饲养管理与科学研究水平等都无法与大熊猫相提并论。然而，马来熊具有熊类中体型最小、食性特别、不冬眠等生物学特征，其生态学价值和科研价值都是不可替代的，我们必须珍惜和重视这个物种。

由于缺乏相关资料作为参照，从整体上看，目前国内马来熊的保育工作还处于粗放的探索阶段，主要表现为依靠个人的经验来饲养、缺乏统一的技术操作规范，进而造成其配对成功率、繁殖率、幼崽成活率不高或不稳定。探索马来熊的繁育技术和方法、提高其动物福利成为目前我国动物园马来熊饲养管理中亟待解决的难题。

2013年，在一项对全国动物园马来熊种群的调查统计中，虽然未包含全部野生动物园的数据，但从统计结果可以估算，我国圈养马来熊种群总体上不超过120只，圈养种群奠基者不超过10只，平均每年的繁殖数量不超过10只，许多马来熊甚至没有配对，统计分析显示马来熊是一个衰退的种群，如不采取措施、进行科学管理，圈养马来熊种群将会消失。与此同时，从野外调查数据来看，野生马来熊种群的状况也不容乐观，采取保护措施刻不容缓。在此情况下，编写一部能用于指导马来熊饲养管理和操作的参考书显得十分重要。

本书共两个部分。第一部分为马来熊的生物学资料，介绍马来熊在分类学、形态学上的研究概况，同时介绍马来熊的寿命、生态分布和保护历史、食谱与觅食行为、繁殖学参数、熊科动物的乳汁特点以及其他行为学资料。这些知识大多来自野外的研究，有利于保育工作者了解马来熊对环境的选择和影响马来熊生存和繁殖的关键因素，为开展马来熊的饲养管理提供基本思路。第二部分为马来熊的动物园管理，包括笼舍、食物、社群结构、繁殖种群管理、丰容管理、操作、健康管理、现代行为训练、科学研究建议等内容，为圈养马来熊的饲养管理提供基本操作技术。陈武负责第一部分的撰写。陈武、单芬、彭仕明、杜雪晴、代军威、吴亚江、陈足金、翟俊琼、吕梦娜、崔媛媛、雷钧、楼毅、黄飞、张天佑、金晓军、左智力、赵芳菊、花福有、王志永参与第二部分的编写（排名不分先后），徐春忠、袁耀华、江志、彭仕明等提供相关的资料。广州动物园莫嘉琪和上海野生动物园发展有限责任公司徐春忠、金晓军分别提供交配、丰容和人工育幼的图片。此外，广州动物园邓小兵、蒋爱萍、李忠超对本书提出了很好的修改建议，中国动物园协会多次组织专家对本书的撰写提出大量的修改建议。

最后，感谢所有对本书撰写和出版给予帮助的同仁和友人。

陈　武

2021 年 7 月

目　　录

第一部分　马来熊的生物学资料

一、分类学

马来熊（*Helarctos malayanus*），俗名狗熊、太阳熊、小狗熊或小黑熊。属脊索动物门（Chordata），哺乳纲（Mammalia），食肉目（Carnivora），熊科（Ursidae），熊亚科（Ursinae），马来熊属（*Helarctos*），是现存熊科中体型最小的物种，分 *H. m. malayanus* 和 *H. m. euryspilus* 两个亚种。

马来熊的系统发育地位尚存在争议。Zhang（1994）根据 12SrRNA、Cytb、tRNAPro、tRNAThr、D - loop 等基因聚类分析，认为马来熊和美洲黑熊（*Ursus americahus*）关系最近，但 Waits（1999）选用 COII、Cytb、NADH - 5、16 SrRNA 基因分析得出马来熊和棕熊（*Ursus arctos*）、北极熊（*Ursus maritimus*）是姊妹系，现在很多人仍然将马来熊作为一个单型属。汪晓晶等（2002）对 pA 亚基成熟肽序列进行克隆分析，发现马来熊与大熊猫（*Ailuropoda melanoleuca*）亲缘关系较近，与小熊猫（*Ailurus fulgens*）相对疏远。张志敏（2006）对亚洲黑熊的 aA 亚基基因进行克隆，发现亚洲黑熊和马来熊、大熊猫的亲缘关系也较近，与小熊猫关系较远。鲁再丰（2010）通过检测分析熊科动物的线粒体 COI、Cytb 和 12SrRNA 基因，分析得出的数据显示，马来熊与棕熊序列的一致性要高于其他熊科物种，构建的系统发育树中，马来熊也与棕熊亚种交叉聚类，认为不应把马来熊单独归为独立的种，应是棕熊的一个亚种。

二、形态学

成年马来熊身高 120～150cm，尾长 3～7cm，耳长 4～6cm，体重 27～75kg，通常雄性比雌性重 10%～20%。马来熊与熊科动物中个体最大的北极熊相比，身长不到北极熊的一半，体重也不及北极熊的十分之一。

马来熊体毛黑色、短而粗，体胖颈短，头部短圆；眼小、周围呈灰褐色，鼻和唇裸露无毛、四周呈棕黄色，耳小而圆；两肩有对称的毛旋，胸斑上有一个毛旋，尾与耳近等长；趾基部连有短蹼。头骨的吻突很短，有急剧突起的额骨轮廓，乳突骨向两侧张开，且宽度大于上腭骨长度，听泡膨胀。马来熊齿式：3.1.3.2/3.1.3.3＝38，有发达、粗壮的犬齿，成体通常有 2 颗前白齿。

马来熊胸前通常点缀着一个比较显眼的浅棕黄色或黄白色的 U 形斑纹，与亚洲黑熊（*Ursus americanus*）和懒熊（*Melursus ursinus*）的胸部标记有些类似；舌头很长，方便其取食白蚁及其他昆虫；脚掌向内撇，尖利的爪钩呈镰刀形，便于其攀爬和取食。

马来熊身体紧凑，皮肤非常松弛。这便于它们转身，回咬攻击它们的动物，也有助于从捕食者中逃脱。除人类和大型猫科动物外，唯一已知的马来熊捕食者是网纹蟒（*Reticulated python*）。马来熊与其他熊一样，可以利用后肢站立和步行。

三、寿命

野生马来熊寿命为 19～24 岁，圈养情况下，它们的最长寿命可以达到30 岁。

四、生态分布和保护

马来熊是一种不冬眠的熊科动物，主要分布于东南亚的老挝、泰国、柬埔寨、越南和马来西亚等地，在苏门答腊岛和婆罗洲等岛屿上也有报道。马来熊在中国的西南部地区也有分布。目前不能确定马来熊在孟加拉国是否有分布。由于生境的丧失和人类活动，马来熊种群在印度野外可能已经灭绝。在老挝、柬埔寨和越南等地，马来熊种群已经形成相互隔离的小种群，出现较高死亡率。非法贸易、森林火灾、伐木作业、农场的开垦、人与马来熊的冲突等加速了马来熊种群的下降，使其野外种群数量大幅减少。马来熊已被列入《濒危野生动植物种国际贸易公约》（CITES）附录Ⅰ和国际自然保护联盟（IUCN）红皮书的濒危级，现为我国一级重点保护野生动物。

中国大陆圈养的马来熊多数是从国外引进。野外马来熊主要活动于海拔1 350m 的热带、亚热带原生雨林中。高耀亭（1987）认为，马来熊主要分布于我国云南省绿春县，沿横断山脉，断续地布于西藏自治区芒康县，但在该区域存留的种群数量比较少。1972 年，马来熊被首次发现存在于中国云南南部边境山地。我国藏南海拔低于 500m 的地区有马来熊的确切分布记录（Aiyadurai 等，2010），但在海拔 1 000m 以上区域，自 Lydekker（1906）后一直未能再记录到实体。在全国第二次陆生野生动物资源调查中，2013 年 8 月 31 日在西藏自治区吉隆县吉隆镇热索村（海拔 1 884m）拍摄到单只熊科动物，确认该个体为马来熊（周智鑫，2017）。据学者于 1998 年估计，中国野生马来熊数量为 140 只左右，而 1987 年估计中国马来熊数量在 350～400 只。全球马来熊种群数量正在下降，种群数量比 100 年前减少了 25%。目前，马来熊在其分布区内很少受到科学的保护和管理，经常被当地人猎杀，其生境同样缺乏保护与管理。野外马来熊生存的影响因素包括食物（野果、无脊椎动物、蜜蜂等）的丰富度，以及森林的覆盖度和人类干扰等。Wong 等（2002）应用无线电遥测技术记录分析了 6 只马来熊的家域面积。95% 自适应核（adaptive kernel）的计算结果表明，马来熊的平均家域面积为（14.8±6.1）km²，家域范围涵盖热带和亚热带雨林和边缘地区。马来熊不同个体间家域范围存在一定程度的重叠，但 25% 的核心区域没有发现重叠。马来熊家域内的核心区域面积为（0.68±0.32）km²。马来熊的日移动范围为（1.45±0.24）km²。食物利用率是运动范围的主要影响因素，尤其是无花果的利用率影响最大。马来熊主要为昼行性，少数个体在夜间也会活动较短的时间。休憩地点主要位于倒伏的空心原木，此外是直立的、有穴的树，以及树根下的树洞和离地面很高的树枝。

五、食谱和觅食行为

熊科动物有简单的消化道和快速的肠道通过速率，类似于典型的食肉动物，但它们的牙齿形式与杂食食性相适应。熊科动物每天花几个小时觅食，觅食技巧与栖息地可利用的主要食物来源相适应。马来熊以素食为主，其采食的植物常是容易消化并富含高蛋白、高可溶性碳水化合物或脂肪，而粗纤维含量偏低，可以很好地满足熊的营养需求。马来熊栖息地食物供应的季节性变化相对于北方物种不太明显。但是，花、果实、种子、成熟树叶的丰富度在雨季和旱季是不同的，因此采食动机和选择的季节性变化也是存在的。

基于细胞核 DNA（Yu 等，2004）和形态学（Sacco 和 van Valkenburgh，2004）研究，马来熊是亚洲的亚热带或热带物种，与包括亚洲黑熊在内的其他熊类明显不同，它们的形态和行为特化可能是适应性进化的结果（Hall，1981；Nowak 和 Paradiso，1983；Goldman 等，1989）。虽然马来熊通常被认为是食果性很强的熊，但这种熊能适应不断变化的食物资源。

马来熊容易从常见的食物切换到高能量的食物，可利用和消化高能量的食物资源（Fredriksson 等，2006）。在印度尼西亚东加里曼丹岛通过粪便分析和动物观察完成的一项研究，记录了野外马来熊的食物来自 30 个科，54 个属，115 种结果植物（Fredriksson 等，2006a）。水果资源是野外马来熊的首选食物，当水果资源很少的时候，马来熊就会以昆虫为食。它们能有效地储存脂肪，并在食物供应不足时以这种方式生存，这是东南亚岛屿上其他大型食果动物和杂食动物的共同特征，如猩猩（Leighton 和 Leighton，1983；Caldecott，1988）。

马来熊似乎在很多方面都与热带灵长目动物趋同，比如在树上很灵活，能够获取各种水果资源；它们也大量以昆虫等食物为食，因为昆虫在热带森林中的来源更稳定（Kikkawa 和 Dwyer，1992）。马来熊进化出与环境相适应的形态，使其能够利用热带雨林中的这两种主要食物资源。马来熊体型小，成年体重在 40～65kg（Lekagul 和 McNeely，1977），爪子极长，脚垫裸露，胸部扁平，脚掌向内弯曲（Pocock，1941），这使它们能够有效地获取果实资源。马来熊的长舌、可活动的嘴唇、几乎裸露的鼻子和能够打开硬木的大犬齿，都有助于获得无脊椎动物作为食物。马来熊异常尖长的爪子对于挖掘白蚁和蚂蚁穴至关重要。

马来熊在苏门答腊岛的巴东高地的本地名是"喜欢坐在高处的家伙"，这反映了其半树栖的习性，这在马来熊的形态上也有所反映。马来熊可以用长而弯曲的爪子挖开朽木或者剥掉树皮以寻找昆虫及其幼虫。小型哺乳动物、鸟类或者鸟蛋、水果和椰肉也可以作为马来熊的食物。马来熊的攀岩技巧非常熟练，在陆地上也能快速移动，并利用鼻子贴近地面闻嗅来搜寻食物。

熊科动物的齿式与杂食食性相适应，但是消化道的其他部分类似于典型的食肉目动物。例如，除了眼镜熊（*Termarctos ornatus*），熊类不能水平移动下颌磨碎食物，而这是有效消化高纤维植物的先决条件。熊科动物具有典型的食肉动物胃肠，缺少发酵室。这种类型的消化道可能会随着食物粗纤维含量的增加，加速食物通过速率。随着粗纤维含量的增加，食物的消化率会降低。例如，熊类消化苜蓿只能获得其一半的能量。一般而言，植物性食物的干物质含量和能量消化率是密切相关的。坚果和种子具有较高的脂肪含量，这大大增加了它们的可消化能。一些研究分析过熊类单一食物或混合食物的营养组成，结果分别见表 1-1 和表 1-2。

表 1-1 饲养试验中熊类食物的营养组成

食物	DM（g，按 100g 食物）	TDF（%，DM）	CP（%，DM）	CF（%，DM）	GE（kJ/g，DM）
北极熊（5 只）					
去头鲱	37	—	42	50	18
海豹肉＋内脏	30	—	73	12	21

（续）

食物	DM （g，按100g 食物）	TDF （%，DM）	CP （%，DM）	CF （%，DM）	GE （kJ/g，DM）
海豹肉、内脏、骨头	38	—	55	17	19
海豹肉、内脏、骨头、皮、鲸脂	53	—	38	52	24
海豹皮＋鲸脂	92	—	12	82	36
灰熊/黑熊（40只）					
鹿肉（肌肉、脂肪、皮、毛）	26	6	45	53	31
牛肉（肌肉、脂肪、皮、毛）	37	5	53	43	28
切喉鳟（去头去尾）	25	11	70	17	24
地松鼠（整只）	29	17	68	15	22
蓝莓	18	24	6	—	19
白苜蓿	14	42	30	—	20
矮松子	95	40	9	38	27
山药＋胡萝卜	17	18	8	—	17
苜蓿种子团	94	35	16	—	17
虹鳟、苜蓿、松子	27	32	36	—	24
牛肉、苜蓿、蓝莓	18	24	31	—	22

注：DM，干物质；CP，粗蛋白质；GE，总能量；TDF，总膳食纤维；CF，粗纤维，下同。

表1-2　野生熊食物的营养组成（%，DM）

食物	ADF	CP
美洲黑熊		
草本植物（春季）	33	19
美洲列当（*Conopholis americana*）	22	8
唐棣（*Amelanchier laevis*）	23	10
黑莓（*Rubus* sp.）	30	10
越橘果（*Gaylussacia* sp.）	20	2
蓝莓（*Vaccinium* sp.）	20	6
樱桃（*Prunus pennsylvanica*）	28	7
橡子（*Quercus prinus*）	4	6
昆虫	20	43

（续）

食物	ADP	ADE
灰熊		
马尾草（*Equisetum arvense*）（春季）	18～23	5～6
稻草（*Gramineae*）	17～21	4～5
白芷属（*Heracleum lanatum*）（夏季）	12～15	8
Hedysarum sulpurescens 根	5～8	5～7
山黧豆（*Lathyrus ochroleucus*）	9～12	5～7
越橘果	0～2	13

食物	CF	CP	EE
眼镜熊			
各种竹叶	34～41	8～10	3～5
Opuntia lindheimeri 果实	14	5	2
玉米（*Zea mays*）	8	14	
无花果（*Ficus* spp.）	37	7	

注：ADF，酸性洗涤纤维；ADP，表观可消化蛋白；ADE，表观消化能；EE，粗脂肪。

现在，用酶催化法分析纤维含量已成为可能。这种方法可以检测总膳食纤维量（TDF），通过这种方法可以评估熊类消化能力，且比通常采用的洗涤剂分析法（NDF 或 ADF）更精确，而洗涤剂分析法更适用于反刍动物。以 ADF 或 NDF 表示的粗纤维含量也列入表 1-2 中。必须注意的是，洗涤剂分析法低估了熊类消化处理的纤维量。

六、繁殖

与其他熊不同，马来熊不是季节性繁殖动物，其全年都有性周期（Spadey 等，2007；Frederick 等，2010）。在一项研究中，12 个月中有 10 个月观察到雌性马来熊的发情表现（Frederick 等，2012）。没有观察到马来熊繁殖表现出任何季节性的模式（Dathe，1970；Spadey 等，2007；Frederick 等，2012）。一只雌性马来熊一年可能发情 3 次。发情周期范围是 101～131d，平均（115.7±6.3）d（Frederick 等，2010），然而有些雌性马来熊 1 年只排卵 1 次，有些 1 年 2 次，有些根本不排卵（Frederick 等，2010）。

雌性马来熊每年维持近似（非概念化）的性周期模式。例如，一个机构的雌性马来熊在每年的 1 月、5 月和 9 月都会发情，尽管每个月的具体日期各不相同（Frederick，2008）。

根据谱系数据（Shewman，2008），雌性马来熊妊娠年龄为 4 岁至 27 岁 8 个月，第一次生殖的平均年龄大约为 9.33 岁，平均值和中位数年龄分别为 11.27 岁和 10.7 岁。雄性马来熊的配种年龄为 4 岁 2 个月到 23 岁 6 个月，首次生殖的平均年龄为 10.45 岁，配种年龄的平均值和中位数分别为 11.9 岁和 12 岁（Frederick 等，2013）。

雄性马来熊在每次发情期间，对雌性表现出特别的兴趣。这种高涨的兴趣可能持续两周或更长时间。雄性马来熊对发情的雌性及其尿液或粪便有嗅闻的兴趣，伴之发生"跟随行为"，发出求爱声，阴茎频繁地勃起，踱步，表现不安。

雌性马来熊进入发情期，可能表现出更多的争斗行为，如增加与雄性摔跤的玩耍行为（Frederick 等，2010，2013）；雌性也可能表现出比平常较少的刻板行为，性情平静，温婉。食欲下降是常见的现象。除了以上现象，还会发生其他行为上的变化，如不愿移动，乳头梳理，自慰等。对雌性马来熊来说，频繁出现上述行为预示着其发情期的开始。随着雌性马来熊进入发情期，其外阴的外观发生变化，最终可能在发情期高峰时呈现完全"开放"的外观（Frederick 等，2010）（图 1-1）。这些变化可能在发情期高峰前几天或几周开始。对于群体而言，雌性马来熊的发情周期是高度可变的（Schwartzenberger 等，2004；Frederick 等，2010）。

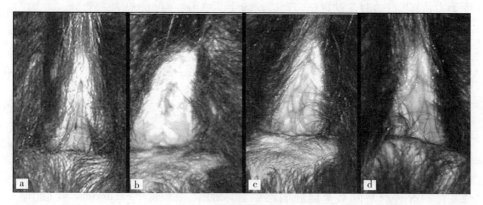

图 1-1　马来熊阴道的开放程度

马来熊阴道开放的程度分别是：发情周期或假孕期（a）、发情期后期（即开放期扩大，d）、发情的高峰期（充分扩大，b、c）。雌性的外阴在发情期会有所不同，照片可以非常有效地记录发情周期相关的生殖器变化（图片来源：Gari Weinraub）

马来熊一年四季均可发情和交配。圈养条件下，每年交配期多发生在

5—6 月。发情期雄性食欲减退，发出"吭吭"的呼叫声，追逐并爬跨雌性；雌性阴门肿胀，经常搔抓阴门，喜接近雄性。雌性和雄性常拥抱、假咬、摆头、舔掌和舔耳。雄性追逐雌性 3～10d 才能交配，每次交配持续 10～15min，交配期可持续 2～7d。马来熊通常一胎产 1～2 仔，孕期为 100d 左右，哺乳期达 18 个月。

雌性马来熊受孕后的第 1 个月，身体和取食没有明显的变化。在妊娠的 1～2 个月精神状态良好，喜欢仰卧于石头上晒太阳；产前 30d 雌性食欲减退；产仔前 10d 左右腹部明显凸起，走路缓慢，几乎不活动，阴门潮红，粪便黏稠；临产雌熊烦躁不安，拒食，来回不停地走动，大声嘶叫。

根据圈养条件下的观察，初生幼崽全身无毛发覆盖，近乎透明状，体重在 250g 左右，体长 10cm 左右，视觉和听觉机能发育不完全，不停地大声啼叫；四肢无力，被雌熊紧紧地搂在怀里。幼崽叼着乳头，不时发出吭吸声，一天之内大部分时间在睡眠；25 日龄后，幼崽眼睛完全睁开，但眼球被一层白膜覆盖，此时尚无视力；45 日龄时，幼崽眼中白膜开始消退，有视觉反应，此时体长 30cm 左右，长出上门齿和犬齿；70 日龄时，幼崽体毛变得黑亮，能离开雌熊自由活动，并不时爬到雌熊背上玩耍，用后肢抓挠腰部，偶尔钻入雌熊腹下吃乳，但经常被雌熊拨开，体重增至 3kg 左右；80 日龄时，幼崽已能外出活动，雌熊警惕性极高，不离幼崽左右，遇到危险很快就将幼兽抱回窝内；100 日龄时，幼崽体重增至 5kg，体长 55cm，能吃少量面包，但动作比较笨拙，以玩耍为主；150 日龄时，幼崽已经可以吃馒头、鸡蛋、面包和火腿等食物。

马来熊繁殖期激素变化方面的研究较多，Franz Schwarzenberger（2004）对 10 只圈养马来熊及 2 只野生马来熊的粪便激素进行分析研究，以建立一种非损伤性技术监测发情期和妊娠期的内分泌变化。研究表明，马来熊一年有多个发情期，不存在季节性发情。黄体期出现在雄激素高峰期之前的 15.2d 至 1.0d（$n=10$）。

Cheryl Frederick（2010）通过对 13 只雌性和 5 只雄性圈养马来熊的粪便激素检测及行为学观察，研究其繁殖规律。研究表明，雌性马来熊粪便中的雌激素和孕激素、雄性马来熊粪便中的雄性激素均不随季节和月份的变化而变化。试验没有观察到马来熊胚胎延迟着床现象。Cheryl Frederick 等（2013）采用粪便中激素浓度、阴道细胞变化、生殖器外观变化和行为观察等对马来熊的发情周期进行监测，旨在研究利用多种方法来监测马来熊的繁殖周期。研究表明，阴道细胞变化、生殖器变化及行为与激素变化数据一致，并可作为生殖周期监测的补充。Onuma 等（2003）采集繁殖期马来熊的粪便，对其中的孕激素变化特点进行分析，发现马来熊孕激素的变化与分布地区的雨季相关，马来熊发情期会排卵，但可能出现假孕现象。

七、熊科动物乳汁

目前的研究结果显示，大多数食肉动物产生的乳汁类似于犬的乳汁。然而，在对熊的研究中，棕熊和黑熊的乳汁干物质和脂肪含量更高。蛋白质在干物质中所占的比例较小，这被认为是一种适应性保存水和蛋白质的策略（脂肪含量偏高），这些熊在冬季处于巢穴内很难获得食物（Oftedal 和 Iverson，1995）。关于马来熊乳汁的现有数据很少，该研究分析了人工育幼一只马来熊的样本（Jenness 等，1972）。这种熊的乳汁看起来更像犬乳，而不是棕熊或黑熊的熊乳（表 1-3）。非冬眠熊的乳汁组成是否与冬眠熊相同，还需进一步研究。马来熊如果经历过食物匮乏、食物营养不足的时期，则可能影响其乳汁分泌及营养成分含量。马来熊乳汁的乳清含量、乳清与酪蛋白的比值（45∶55）均高于黑熊和北极熊。所有熊的乳汁中乳糖含量都很低（Oftedal 和 Iverson，1995；Jenness 等，1972）。

表 1-3 为北极熊、棕熊和美洲黑熊乳汁的营养组成，可以作为马来熊的乳汁营养组成参考。

表 1-3　熊乳汁的营养组成

乳汁	DM（g，100g 乳汁）	CP（%，DM）	CF（%）
灰熊和美洲黑熊（样本数 $n=16$）			
冬眠期	30	7	18
冬眠后	34	14	18
峰值	38	14	20
灰熊（样本数 $n=16$）			
平均哺乳期（300d）	33	18	10
美洲黑熊（样本数 $n=16$）			
平均哺乳期（300d）	33	19	10
北极熊（样本数 $n=25$）			
夏季、秋季	48	11	33

八、其他行为

马来熊在自然条件下的繁殖生理、求偶、竞争以及交配行为的研究和描述较少。大多数研究都是在圈养条件下观察得到的数据。

兰存子（2012）的观察发现，在圈养条件下，8：00左右马来熊主要在笼舍内排便、取食、饮水、戏耍和互相威吓；10：00—14：00，马来熊常用前掌抱住头蜷缩成一团，在搭建的树枝或木架上休憩，极少在地面上休憩，这与马来熊在野外的树栖习性有关；休憩后取食少量的瓜果等食物，继而出现戏水、摔跤、攀爬树枝和互相梳理（如舔掌、舔耳等）等行为；18：00左右经常叫唤、索取晚餐，吃完以后在笼舍内四处活动；天黑以后，进入睡眠状态。马来熊的活动多集中在早晚，其余大部分时间休憩，为晨昏型活动的动物，这可能与投食有关。

在圈养条件下马来熊是群养的，幼龄时喜欢一起打闹戏耍，但在采食的时候，经常出现激烈的相互争斗、吼叫、厮打，根据体型和力量的大小形成特定的等级。这种等级制度主要是以雄性为主导。在群体中，等级较高的马来熊在取食和求偶等方面均占据优势，且经常会独占食物。

在野外，马来熊的昼夜行为节律呈现单一分布模式，主要集中于昼间活动。马来熊在早晨会出现一个活动高峰，在13：00后会出现另外一个活动高峰，持续到黄昏，18：00以后活动减少，在21：00以后马来熊的活动减为最低。从行为频率来看，马来熊在5—11月，活动行为占40%～70%，平均活动频率为52%，9月活动频率最高，达70%。

野外马来熊活动的季节性变化不明显。圈养条件下，马来熊夏季多喜欢在池中玩耍、嬉戏或在阴凉处睡眠；冬季则喜欢在阳光下进行日光浴，未发现有冬眠习性。

第二部分 马来熊的动物园管理

一、笼舍

笼舍设计除应满足马来熊的生理、心理和行为需求，还须满足繁殖、护理等需求。设施不仅要保证马来熊无法逃逸，还应创造激励动物展现自然行为的条件。因此，了解马来熊的正常行为，特别是它们在笼舍内的活动情况是非常必要的。

（一）笼舍建造

马来熊的笼舍一般有两种。一种笼舍仅有内舍，包括休息过夜和展示用的2个房间，休息过夜的房间面积一般不低于 $15m^2$，高度不低于 $3m$；展示用的内舍面积一般不低于 $48m^2$，高度不低于 $3m$。另一种笼舍增加了马来熊露天活动的外舍，新建笼舍外舍面积应不小于 $150m^2$。不足 $150m^2$ 的马来熊室外展示区主要以混凝土、岩石或者原木作为丰容设施；而大于 $150m^2$ 的马来熊室外展示区主要以草、灌木、乔木、水池和山丘作为丰容设施。

1. 门与桥梁 无论室内或室外区域，至少要有一个出入口，方便操作人员的进出以及设施设备搬运。通往室外笼舍的操作人员出入口应该安装坚固的金属材质的门，工作通道应有双层门，避免马来熊发生逃逸，大型设施安装和维护时能容许大型车辆进入或吊装。马来熊使用的门应便于其出入。以马来熊的最大肩高作为门高。适合马来熊进出的门尺寸为 $1.0m×0.6m$。育幼区应该有一个额外的门，这样带着幼崽的雌熊可以不受干扰地出入室内笼舍。

有条件的动物园可设置两扇动物进出门，一扇是可以改变高度和宽度的滑动门，另一扇是固定尺寸的门，这两扇门应独立操作。当引入新的成员时，马来熊处于相互适应阶段，通过滑动门来改变门宽度/高度可以形成小/弱马来熊的逃生通道。当计划饲养来自不同群体的个体（如同性群体）时，应设置双滑动门。

两个相邻的外活动场，可在干壕沟上采用水平旋转桥进行连接，连接时应注意桥的自由端必须牢固地固定在基座上。如果不固定自由端，马来熊能够移动桥梁形成逃逸通道。如果年老马来熊不愿意走入桥状通道，桥面应加宽。

所有的门特别是滑动门必须保证锁死，防止被马来熊打开或关闭而造成危险。应提高门槛，防止稻草或树枝堵塞门的滑轨，垂直滑动门（吊门）比水平滑动门更好。滑动门不应嵌入建筑物（如墙壁），以便维护和维修。

2. 室外活动场（外舍）的数量　如果条件允许，应设置与成年马来熊一样多的可连接/分离的外舍。另外还需要设置一个能够容纳幼崽的地方，这些幼崽在断奶时可能无法融入群体，需要隔离居住。笼舍至少要有两个通道，以防止等级高的马来熊阻挡或霸占通道。每个外舍都应该有进入室内设施的通道或设施。

3. 室外设施　提供足够大的室外空间和丰容设施，让马来熊可以自由选择设施、植被和基质，并保持与其他个体的距离。根据当地环境（地形、地势、植被）等因素建造展区，展区大小及设施应充分考虑马来熊个体数、社群关系、繁殖、哺乳、隔离等需要。

4. 室内设施及规格　天气寒冷时，马来熊喜欢待在室内，应关注室内笼舍的保暖性能。建筑材料的保暖性能排序：混凝土＜砖＜木材。笼舍内应通风良好，可在高处设置窗户和栅栏，以保持干燥。较高的笼舍有助于创造良好的室内微气候环境。地板应易于清洁，地面材料可选择混凝土或砖。地面应该有5%～10%的坡度，便于水和尿液排出。

在北方，动物园应注意马来熊的冬季保温问题，宜在室内笼舍安装暖器。对于安装地暖的笼舍，应格外注意通风和排气问题。可以提供类似玻璃屋的临时透明设施，这些设施要兼顾阳光照射以促进生长发育的个体需求。地暖会加速地板干燥，促进含氮废物的挥发，对空气质量产生不利影响。

5. 室内工作区　门和笼舍高度应容许设备设施搬运并方便工作人员日常操作。工作通道宽度宜在2.5～3.5m，以便工作人员能够轻松操作，并保持与马来熊的安全距离，防止被其攻击；通道中应预留运输笼箱放置空间，便于运输前让马来熊适应笼箱。笼箱朝向工作通道的面应为金属栅栏和网，栏柱间隙和网的尺寸应能防止马来熊爪子穿过网或栏伤及工作人员。推荐间隙3cm或网眼尺寸3cm×3cm。面向工作区域的笼舍栅栏/网眼或食物槽等存在较大空隙时应在使用后封闭，防止马来熊伸出爪或鼻吻部伤及人员。

6. 检疫笼舍　检疫笼舍的地面和墙壁应采用混凝土和砖等易于清洁的材料建造。笼舍内设施设备应该是可移动和可更换的。休憩的地方应提供垫料，而且垫料可以随时更换。

7. 室内笼舍　内室数量应不少于饲养马来熊的数量。应设置一个或几个额外的笼舍，以便在清洁过程中隔离动物。笼舍之间通过串门或通道连接。

对于妊娠马来熊，应有至少有三个隔间或笼舍，一个作为巢区，一个用于喂食，另外一个用作幼崽的活动区。待产雌熊笼舍和后勤服务区，必须与其他马来熊笼舍分开。野外捕获的雌性马来熊繁育时，最好配置独立于其他圈养马来熊的生活区域。

对于仅在夜间或室外展区维护期间才生活于内室的马来熊，室内笼舍可以提供滑梯等设施，让其自由活动。

临时隔间至少 4m²，尺寸为 2m（长）×2m（宽）以上。3m 高的笼舍可以将巢筐设置在离地面 2m 高的地方，这样不会影响人与马来熊的进出。

马来熊不应饲养在冬季漫长、寒冷和潮湿的地方。如果无法避免，那么每只成年马来熊个体的室内空间至少应该增加一倍即 30m²，这可以通过增加笼舍面积或增加笼舍数量来实现。

8. 孕兽笼舍　产房应为正常笼舍的大小。面向工作通道的栅栏应以木板屏蔽，笼舍内应设置产箱，作为巢穴（巢箱）。

巢箱内部温度以 20～25℃ 为宜，为避免过热和通风不畅，墙壁和巢箱材料应具有良好的导热性能，笼舍应通风良好。在巢箱后方和顶部设置一些小的开口有助于通风，但必须防止穿堂冷风。可提供营巢材料，以便马来熊能够自主搭建巢穴，避免雌熊或幼崽身体热量流失。如果没有摄像头，应该安装一个麦克风来监控幼崽在巢箱中的叫声。应提供幼崽与雌熊玩耍的笼舍，这样幼崽可以体验不同的材料和设施。绳索、固定的树干、悬挂的塑料盆和桶、柔韧的攀登架及休憩平台组合在一起，形成多种多样的丰容设施。当幼崽攀爬时，笼舍的地板上应该覆盖一层厚厚的稻草以防止其坠伤。

9. 其他　特殊个体的护理可以通过增加或者调整门栏来实现。如笼舍安装滑动门或设置小的洞或门只允许雌性或者幼年马来熊通过，则有利于动物躲避或藏匿；增加一个连接笼舍的通道，可以保证每一只马来熊都有躲避的空间。具体饲养条件可根据动物饲养的实际情况来制定。

（二）围栏与隔离

围墙和围栏必须能阻隔马来熊与游客的直接接触。围栏设置应首要考虑安全问题，同时综合考虑马来熊和游客的需求（如创造一个良好的视野使游客能够看到展区内景）。表 2-1 列出了一些常用的围栏。单一的围栏建议高 3.5m，包括 0.5m 高的用光滑材料做成的围板或电网。

表 2-1　围栏的种类与描述

种类	描述
干壕沟＋阻挡围栏	能阻挡动物与人的直接接触
有水壕沟＋墙	水壕沟宽 2m，水深不超过 50cm

（续）

种类	描 述
玻璃	避免采用弧状玻璃，使视觉失真
玻璃＋墙	玻璃观察窗可能会限制视线；可在马来熊笼舍给予丰容物品，以便马来熊充分利用空间，但存在玻璃受损的风险
电网	间隔高 5cm，宽 50cm，网高约 1.5m，置于围栏顶部，与电源相连，电网必须通电防马来熊逃逸
两层防护电网	间隔高 5cm，宽 50cm，电线直径至少 6mm，一层置于围栏顶部约 1m 高，另一层作为内栅栏高 1m。与电源相连，电网必须通电防马来熊逃逸
电网＋光滑罩顶	电网高 3m，顶部有 1.2m 高瓦楞状的光滑罩顶，电网须坚韧且间隙不能过大，这类围栏即使不通电，马来熊也难以逃逸
顶部带反扣的围栏	不需要电源

注：壕沟或水池至少有一个和缓的斜坡或攀爬架，以便马来熊进入和离开。

　　马来熊笼舍不宜使用深水壕沟，因为该物种不会游泳。马来熊善于攀爬，大部分时间栖息在树上，一般巢穴搭建在高约 7m 的乔木上。根据其生活特征，内舍栅栏应使用铁制材料，栅栏之间间隔约 5cm，以供马来熊攀爬。如笼舍栏杆间隙过大，应加焊水平栅栏，以防止马来熊拱开或折断栅栏逃脱。马来熊挖掘能力很强，所以必须确保基材是安全的。常用的基材如表 2-2 所示。

表 2-2　马来熊笼舍常用的基材

材料	深 度
水泥墙	根据地面条件深入地下 1～2m
金属棒 （材料取决于土壤性质）	深入坚硬的岩石或混凝土 10cm 以下
地下金属网	笼舍墙基向外铺设 1m 宽，围栏基部向内铺设 3～3.5m 宽，深入土壤 30cm 左右

注：选择基材时，必须考虑当地的气候因素。

　　围栏边缘应垂直不能攀爬，使马来熊不能利用围栏和地形逃逸。树木应该远离围栏种植，以免倒伏导致围栏毁坏或形成动物逃逸通道。

　　兽舍室外活动区域应设有水池和小型石堆，优先选择稻草作为垫料；提供木质的休息平台或者金属制成的巢篮。

　　地面必须排水良好，天然地面是所有熊科动物的最佳垫料。提供的垫料应包含干树叶、干草、稻草、木屑等材料。垫料应能够让马来熊进行刮擦、挖掘及制作凹坑和孔穴，以便马来熊展示自然行为。此外，在阴凉的地方应覆盖不同物理特性的材料，创造多样的巢穴供马来熊选择，以适应不同的气候条件。室外运动场中不能更改的设施，可以通过增加垫料以改变地面覆盖物和形成局部的微气候。混凝土可以用于固定围栏，成片或条带状浇筑，防止马来熊通过挖掘逃脱；也可用于固定陡坡并防止马来熊被泥水冲刷；还可用于设置阶梯或陡坡（马来熊喜欢在阶梯或陡坡上排便），也便于清理打扫。

结构和材料的整合非常重要，提供湿润的树皮或木屑作为垫料在夏季有利于马来熊的防暑降温，也避免吸尘（表2-3）。自然状态下，马来熊在冷天很少在室外活动，要提供更多保暖御寒设施以增加其在室外的活动时间。多数动物园使用几种材料的组合来设置马来熊地表环境。

表2-3　不同垫料的物理特性

垫料	物理特性
砂；细粒砂砾	排水良好，加热迅速；适合布置于阳光充足的地方
树皮	保持湿度；适用于阴凉处
木屑和木质芯片	吸水；可用于任何地方
枯叶	保温（需干燥）
稻草和干草	高绝缘性（需干燥）
碎报纸	高绝缘性（需干燥）
再生聚乙烯（耐抓挠刮擦）	绝缘
木板	绝缘

在垫料使用中，应注意针叶类树皮，刨花和木屑会影响马来熊的皮肤健康，建议与阔叶树落叶及树皮混合。用杀菌剂和杀虫剂处理过的、含有毒成分的材料不能使用。沙子或细砂砾区域应与人工水池保持一定距离，如果大量的丰容材料被移到了水池中，则存在堵塞水管的危险，应及时清理。

在较小的室外活动区域，可能需要加装保护设施，防止马来熊损害树木，提供带树皮的、加工过的原木有助于减少马来熊吠叫，降低其破坏树木的兴趣。

在笼舍中，马来熊能与自然植被和谐共存。荆棘植物和能耐受被损坏或树枝再生能力强的植物最适合室外面积较小的笼舍。树木不仅在夏季可以遮阴，而且还可以在结果季节补充马来熊的食物。可以使用商业化的果树（如樱桃、李和苹果）、橡木、山毛榉和花楸。某些针叶树的种子也可以作为熊的食物。室外展示区地面可以覆盖厚10～20cm的泥土，种植草或者其他植被。在不足150m² 的场地也应如此，如植物受到损坏，可以补种。原木桩、大的树根、灌木可以种植，野生的玫瑰等有季节变化的植物也可种植。表 2 - 4 是适合熊科动物笼舍的植物物种。如果担心植物被马来熊损坏，可选择长刺的植物品种。

表 2 - 4　适于熊科动物笼舍内种植的植物

植物种类	损毁情况	可供食用的部位
醋栗灌木，虎耳草科醋栗属植物	没有受损摧毁	果实
山籽甲或山稔子	没有受损摧毁	果实
柳条（沙柳蒿）	被熊破坏但没有被摧毁	叶子
黑莓灌木（悬钩子属植物）	没有受损摧毁	叶子与果实
蔷薇丛（蔷薇属）	没有受损摧毁	果实
刺檗	没有受损摧毁	花朵与果实
山楂	受损但没有被摧毁	花朵与果实

（三）设施与维护

所有的熊科动物在夏季都喜欢待在阴凉的地方。研究发现（Hughes 和 OiGrady，1994），熊如果没有合适的地方躲避，在温度低于 1℃ 或者是晴天温度高于 15℃ 时候就会出现来回踱步的刻板行为来代替应该出现的休憩行为，在 1～15℃ 的环境下则会选择在一个较高的平台休息。为便于体弱动物逃跑或躲避，应考虑设置一些有多个通道的攀爬设施。这些设施（如绳索、柱桩等）应选择合适的材料制造，具有适宜的大小尺寸，具备阻止体型较大的动物在追逐体弱动物过程中通过的功能。

增加一些小型设施可以有效地增加动物的可用空间。攀爬架不应只是望风口（动物登高瞭望的地方）或者是受到骚扰时的逃生设施，在其上增加小型设施，马来熊才有足够的兴趣去攀爬。搭建一个平台，马来熊可以在上面进行日光浴，在顶部设置一个投食点，如蜂蜜分发器，可以有效刺激马来熊去攀爬平台。应提供额外的攀爬设施以允许年幼或较年长的马来熊爬进巢筐，如是木质结构，应该固定在笼舍的地面上。笼舍内设施应便于动物利用和饲养员操作，如有平台应设置阶梯。简而言之，笼舍应符合以下要求：①提供适当的设施如自由活动的滑梯与巢筐（平台）；②可以让马来熊自由活动而不限制其转向；③便于工作人员操作。

熊科动物有探索天性，木质结构（包括攀爬架）的使用期限较短，应及时更新。树桩不要进行永久性固定，那些 5～6m 的管道可埋在沙/砾石混合物里并用木楔固定，便于更换。笼舍内设施应充分考虑安全性，一些设施特别是垂直构件应该远离围栏进行固定，如树与最近的围栏或者墙边的距离至少应为4m。有屋顶的笼舍应确保屋顶是安全的，避免薄钢板或木质屋顶坍塌而造成的动物死亡。水池至少保留一个浅的斜边，这样可以确保马来熊容易进出。马来熊不会游泳，水池不应太深，以保证马来熊可以站立（没过足部）为宜。

必须提供营巢材料，秸秆是首选。木质休息平台应设有金属或木质边缘，以防止巢筐中的垫料掉落。建议在墙上铺设额外的巢筐。巢筐的设置可以因地制宜，便于饲养员的操作及动物的利用。可以提供大面积的巢筐，以方便动物自由活动为宜。建议巢筐尺寸为 2m（长）×1m（宽），离地面高度 2m，以便操作。

马来熊会在平台或者巢筐的边缘排泄，休憩设施和投喂点之间应保持一定的距离。马来熊会破坏木质平台，一座木质休息平台可能一个晚上就被破坏，因此设置金属材质的休憩巢筐会更合适（图 2-1）。

图 2-1　马来熊的巢筐

（四）环境条件

1. 温度　马来熊在 15.6～26.7℃ 的温度下状态最好。马来熊的自然史和肺炎等疾病的流行表明，马来熊不适应寒冷的天气。无法适应寒冷条件时，马来熊可能会变得不活跃，蜷缩成球，颤抖或敲门想进入室内。在寒冷气候条件下，建议在室外和室内的区域中增加垫料。在室外展区树木边或原木上配置加热设施，可以为马来熊供暖。加热的岩石或洞穴可以增加户外庇护，让马来熊免受极端天气的影响。树木边或原木上配置加热设施可以增加马来熊的可见性。在原木上配置加热设施时，应考虑马来熊选择哪种姿势休憩更舒适。应考虑马来熊的个性化需求，包括它们的年龄和健康状况，以此配置合适的加热设施。年龄较大的马来熊由于保温性能减弱（如体脂丧失），产生热量或保持热量的能力下降，因此它们调节体温的能力较差（Florez-Duquet 和 McDonald，1998），在提供加热设施时应重点关注其需求。如果正常的供暖系统出现故障，应提供其他备用热源。

在较低的温度下（4.4～15.6℃），应确保马来熊可以在带有保暖功能的洞穴状庇护设施内躲避风、雨和雪。在较冷的天气（小于 4.4℃），应让马来熊在室内活动。

地下加热设施或加热的混凝土床可用于室内笼舍，这样有助于地板干燥。也可以使用辐射热源，但是热源和电线不能让马来熊接触。无论使用何种热源，都应让所有个体获得足够热量，不能让某只马来熊独占。为了提高加热系统的效率，建议在舍内增加坚硬的半透明屏障和门窗覆盖物，这样有助于保暖，同时减少热量散失。

天气炎热时，不仅在室内，在室外也应为马来熊提供阴凉的区域，让马来熊自由选择室内和室外展区。当温度高于 26.7℃时，要注意防晒和降温。室外展区应保证所有个体均可避免阳光直射，以 5～10cm 的覆盖物遮挡混凝土设施可增强阴凉区域的降温性能，降低表面温度，也可降低阳光的反射率，遮挡有害的阳光照射。其他降温措施包括提供池塘、溪流和其他水源、洒水器、喷雾系统、风扇等，提供树桩或冰块也是有效的降温设施。提供大型攀爬结构，也可以供马来熊遮阴避暑。

2. 光照 马来熊展区应保证自然光充足。马来熊的眼部病变和癌症（鳞状细胞癌）发生频率较高（Mylniczenko 等，2005），这极有可能与暴晒有关。因此充足的树荫对这种热带森林物种非常重要，大面积种植树木可以产生理想的遮阴效果。在夏季，使用遮阳布可避免太阳照射；在冬季，当需要阳光照射时，除去遮阳布，可以增加马来熊受阳光照射的时间。在夏季，室外展区应有至少 40% 的遮阳覆盖率；在其他时间，应有至少 25% 的遮阳覆盖率。

3. 其他因素 笼舍建造还需要考虑寒风、降雨、降雪等气候因素。同时关注动物特殊生理期（如衰老或生病）的需求。

在高温、高湿的环境下，马来熊可能会变得昏昏欲睡、食欲下降。建议在室内笼舍安装空调，以减少马来熊对高温、高湿的不适。

二、食物

营养代谢是动物利用其外部环境中的食物来支持内部代谢的过程（Robbins，2001)。食物和由此产生的消化代谢产物是健康的基础，包括生长、繁殖和抗病能力 (Crissey 等，1999)。合适的营养水平和喂养模式对动物管理和疾病预防至关重要。在动物园里，提供的日粮应该根据动物野外的食物、已知或模式物种的营养需求、动物园可获得的食物，以及动物的生理状况、群体状况、胃肠道形态和年龄等方面的研究资料来设计。

不同动物园的马来熊食谱在食物组成、季节性变化以及营养水平上可能存在很大的差异。熊类能适应季节性变化，因此在为它们制定圈养环境下的日粮配方时应考虑其季节适应性。马来熊食谱主要由水果蔬菜组成，主要包括苹果、胡萝卜、叶菜和其他当季水果。除了基础饮食，还可补充面包、颗粒、维生素和矿物质添加剂。肉类则包括猪肉、鸡蛋、鸡肉或鱼肉。

大多数动物园，每天在室内笼舍饲喂熊 1 次（或者 2 次），不让熊随意采食。越来越多的证据表明，当熊被关在室内笼舍，每天只饲喂 1 次是它们出现刻板行为的主要原因。如果每天饲喂的频率增加，成年马来熊相关的刻板行为将大幅减少，幼龄马来熊很少出现这类行为。

圈养环境下虽然很难模拟各种熊野外环境下的食谱，但食物应尽可能多样化，使它们的食谱与野外环境下可食用的植物性食物在一定程度上类似，建议提供更多种类的植物性食物，不定期提供带树叶的树枝。提供的食物如果实、种子、坚果、芽、花、根、茎和叶应尽可能不同。

(一) 基础日粮

马来熊是杂食动物，其目标营养范围见表 2-5。由于马来熊的营养需求尚未确定，因此只能使用已知营养需求的模型物种作为参考。数据是基于家养犬、猫、貂和狐狸的营养需求，包括食肉动物和杂食动物。黑熊是杂食性的，胃肠道有长中肠和短后肠 (Stevens 和 Hume，1995)。长中肠可以更好地提取营养物质和提供微生物。目前尚不清楚马来熊的胃肠道是否与黑熊相似。动物园里的熊很容易消耗各种各样的食物，当食物的热量超过它们新陈代谢的需要时，它们就会变得肥胖。定期测定体重是避免所有熊肥胖的常见做法 (Irwin，2013)。

动物能量需求与体重、饮食习惯、气候和活动水平密切相关，这些因素都是相互关联的，动物的基础代谢率不是恒定的，生长中的个体其基础代谢率将比成年个体高 (Robbins，2001)。有些个体有肥胖的倾向，应该按比例减少食物摄入。每个物种都需要特定的日粮，可能会随季节而变化。动物园中马来熊的日粮案例见表 2-6，更详尽的日粮案例可参考附录。动物园提供的食物应尽可能参考野外食谱，满足设定的目标营养范围。

表 2-5　马来熊的目标营养范围（以干物质为基础）

营养成分	营养范围	营养成分	营养范围
蛋白质（%）	10.00～29.60	脂肪（%）	5.00～8.50
亚油酸（mg/kg）	1.00～1.30	维生素 A（IU/g）	0.50～5.90
维生素 D（IU/g）	0.50～0.55	维生素 E（mg/kg）	27.00～50.00
维生素 K（mg/kg）	1.00	维生素 B_1（mg/kg）	1.00～2.25
维生素 B_2（mg/kg）	1.60～10.50	烟酸（mg/kg）	9.60～20.00
维生素 B_6（mg/kg）	1.00～1.80	叶酸（mg/kg）	0.18～0.50
生物素（mg/kg）	0.10～0.12	维生素 B_{12}（mg/kg）	0.022～0.03
泛酸（mg/kg）	7.40～15.00	胆碱（mg/kg）	1 200.00～1 700.00
钙（%）	0.30～1.20	磷（%）	0.30～1.00
镁（%）	0.04～0.06	钾（%）	0.40～0.60
钠（%）	0.04～0.30	锰（mg/kg）	5.00～7.20
铁（mg/kg）	30.00～90.00	碘（mg/kg）	0.90～1.54
锌（mg/kg）	50.00～120.00	硒（mg/kg）	0.11～0.35
铜（mg/kg）	7.30～11.00		

注：表中营养范围的设定可参考犬营养需要标准（犬 NRC，2006）、貂营养需要标准（貂 NRC，1982）和狐狸营养需要标准（狐狸 NRC，1982）。

表 2-6　马来熊日粮案例（g）

动物类别	饲料种类	每天喂量							每周总和	占比（%）
		周一	周二	周三	周四	周五	周六	周日		
1只雄性	HMS 杂食动物饲料	1 416	1 416	1 416	1 416	1 416	1 416	1 416	9 915	55.71
	橘子	199	199	199	199	199	199	199	1 398	7.86
	苹果	394	394	394	394	394	394	395	2 764	15.54
	香蕉	140	140	140	140	140	140	140	985	5.54
	莴苣			612				612	1 225	6.89
	胡萝卜	358			358				717	4.03
	葡萄		789						789	4.44
	饲喂总量								17 793	100.00
	饲喂总能量（kJ）								141 516	
	饲喂总干物质								10 688	

（续）

动物类别	饲料种类	每天喂量							每周总和	占比（%）
		周一	周二	周三	周四	周五	周六	周日		
1只雌性	HMS杂食动物饲料	880	1 416	1 416	1 416	1 416	1 416	1 416	9 379	60.06
	橘子	122	199	199	199	199	199	199	1 321	8.46
	苹果	245	394	394	394	394	394	395	2 615	16.74
	香蕉	86	86	86	86	86	86	86	603	3.87
	胡萝卜	222			222				444	2.85
	葡萄		490						490	3.14
	饲喂总量								15 617	100.00
	饲喂总能量（kJ）								117 673	
	饲喂总干物质								8 872	

　　马来熊日粮可以选择营养全面的商业化饲料、农产品（水果、蔬菜）、昆虫和肉/骨头，这些食物类型组合投喂是处在目标营养范围内的。如商业饲料中含有足够的维生素和矿物质时，则不需要额外补充。食谱的营养分析应针对马来熊采食的所有食物，包括其自行采食的食物，但不要涉及坚果和种子，因为这类食物不易消化，须通过粪便观察进行综合判断。

　　动物园中的马来熊可以投喂各种各样的商业饲料，包括犬粮、杂食动物全价粮、高纤维和/或低淀粉的灵长类动物加工食品。低热量或"清淡"配方可以列入日粮谱，以维持马来熊健康的身体状况。考虑到纤维素和几丁质之间的相似性，灵长类动物加工食品和食昆虫动物全价粮（以酸性洗涤纤维衡量）等食物的高纤维含量被认为与昆虫的几丁质含量相似（Allen，1989）。这些高纤维类食物对马来熊是适当的，能维持马来熊较好的身体状况，保障其健康，可以纳入日粮谱中。虽然野外的马来熊可能会吃高糖和高脂的水果（Fredriksson 等，2006；Steinmetz 等，2013；Joshi 等，1997；Voon 和 Kueh，1999），但是这取决于季节性和可获得性，如该水果不是经常能获得的，则不建议将其纳入日粮谱。日粮季节性变化时应该适当监测马来熊的身体状况变化（模拟野外，身体状况随着季节的变化而变化），不宜肥胖。野外水果的干物质和纤维含量也比国内常见的栽培水果要高。市售食品含水、易发酵的糖、以淀粉形式出现的复杂碳水化合物等成分较高，可能会引起杂食动物的消化紊乱（Oftedal 等，1996）。虽然昆虫等无脊椎动物可能不是马来熊日粮的重要组成部分，但少量添加、限定种类、投喂成本可以承受时，应考虑列入马来熊日粮谱，这也是模拟野外食谱的一种方式。

用于丰容的食物也是马来熊日粮的一部分。所有丰容食物应该经过动物营养学技术人员和兽医的审核。所有新食物投喂时都应密切监测马来熊的机体状况。应该谨慎使用冰，有学者认为马来熊的牙科疾病及其他食肉动物的牙齿损伤病例，可能与冰有关（Briggs 和 Scheels，2005）。

（二）特殊日粮需求

基础日粮的品种及数量对发情期动物、妊娠期动物、哺乳期动物、断奶后幼体、亚成体、较年长动物及康复中的动物不适用，针对这些动物的特殊食物需求须制定特殊日粮谱。

1. 发情期动物日粮需求　雌性发情期需要补充维生素 E，促进其性腺发育，并在饲料中添加金施尔康、钙尔奇等钙片。

2. 妊娠期动物日粮需求　对于妊娠期的雌性，应视具体情况补充鸡蛋、鱼肝油、骨粉及维生素等，促进胚胎的健康发育。提高日粮的适口性。例如，平时只喂窝头的，可每周给其投喂 2 次面包或馒头帮助消化；平时吃苹果、生梨的，每周可多投喂 1 次猕猴桃或香蕉等。

3. 哺乳期动物日粮需求　雌性产后 1～3d 拒食，此时应当调整其日粮，改善其食欲和增加营养供给。哺乳期日粮要少而精，且应少量多餐。原本每天喂 2 次的，哺乳期应投喂 3 次，每次喂的量不要太多，且食物一定要投喂到马来熊易于接触的区域，让它在抱幼崽的同时能拿到食物，并且多投喂其喜欢吃的食物。食谱应包括许多高能量食物，同时含有可吸收的钙、蛋白质、维生素和必需的微量元素。撒上钙粉的黄粉虫（面包虫）、葡萄、炼乳拌熟米饭、浓缩黑加仑汁加蜂蜜、撒上钙粉的蝗虫、涂抹花生浆和蜂蜜的全麦三明治（内夹富含多种矿物质维生素的浆汁）、用温水泡软并添加蜂蜜的犬粮（含所必需的微量元素，如硒、碘、钴、钼、镁）、煮熟的带壳鸡蛋，以及枣等。

4. 断奶后幼体日粮需求　断奶后的幼体应密切注意其摄食情况，防止因摄食不足而导致发育不良。

5. 亚成体日粮需求　亚成体马来熊在日粮方面和成年马来熊区别不大，数量上比成年个体稍少一些，但亚成体对牛奶的需求量是成年马来熊的 2 倍，且应在日粮中添加维生素和矿物质，如隔天喂半粒金施尔康，并在窝头中添加鱼肝油和钙片；为保证每天蛋白质的摄取量，每天喂 0.05kg 熟鸡蛋。

6. 较年长动物日粮需求　较年长的动物在食物的选择上可能会非常保守，因此必须频繁尝试，才能让其接受新食物。如果它们有各种食物可供选择，则不太可能会营养不良。

7. 康复动物日粮需求　某些马来熊个体愿意吃的食物种类非常有限，如果其食谱有明显的季节性变化，可能问题不大。但是，马来熊没有表现明显的季节性觅食行为，对某些食物非常抗拒时，就需要监控和评估其日粮的营养组成，确认其是否营养不良。如果某些马来熊个体选择日粮时对某种成分有偏好，则说明食谱中可能缺乏这种营养成分。

（三）投喂

投喂时，动物的营养需求和行为需求都需要考虑。野外马来熊觅食除了摄入食物，还需要攀爬、挖掘、捕猎、采集较小的食物和处理较大的食物。适应杂食性食谱的食肉目动物必须消耗相对更多的植物性食物才能满足其营养需求，所以它们必须花费更长的时间觅食。相对于同样体型的食肉动物，熊类每天用于觅食的时间更多。熊类的大部分食物是分散的，所以它们不可能一次性吃完一天的食物，而是分好几次。投喂圈养的熊类时需要考虑其野外采食的特点。

当熊类在野外觅食时，处理食物和移动都是必需的，所以在圈养环境下应该模拟它们野外的这些觅食需求。如果给熊类提供整块的蔬菜和水果（苹果、梨、甜瓜、黄瓜），可以刺激它们使用掌、爪子、嘴、牙齿来处理食物。另一些食物需要切成小块分散放置，这样熊类必须四处移动才能找到食物。肉类可以整只提供（如鸡、鸽子、兔子或老鼠），或者提供带骨或带毛皮的大块食物。如果围栏内有水沟，则须固定食物，防止食物残渣掉入水沟。

圈养环境下应把熊类的部分食物放在高处，这样熊尤其是年幼的熊就得攀爬或者站立才能拿到食物。但高处喂养的方式不宜用于年老的熊类。

投喂马来熊时要注意频率，食物每天需要分多次提供，至少分 3 次。大部分食物应该分散在室外展区内。那些需要季节性增加食物摄入量的个体，应随着秋季的到来逐渐增加投喂频率。

在进行马来熊收回或串笼训练时，可使用大块、美味的食物作为强化物，训练宜在内舍开展。需要注意的是，尽量将室内笼舍布置得具有吸引力，如放上巢筐，或者巢区铺上稻草等丰容物，可有效降低马来熊训练的困难程度。

熊类不适宜禁食。当饲喂不定期食物或治疗食物时，要减少基础食谱的食物量，以免熊类过食。

最好给马来熊提供经过滤的新鲜饮水，如果没有随时可用的新鲜水源，应每天至少 3 次添加饮用水。马来熊有可能在饮用水盆上排泄，应及时清洗消毒，避免感染病原。

（四）营养状况评估

体重称量和体况评分是衡量体重个体差异的有效方法，因为每只马来熊都有其最佳体重和体况得分，这些得分在全年或季节性范围内保持不变。体况评分体系（BCS）通常提供1~5分或1~9分的评分。9分制BCS在家养的猫、犬、马和其他特定野生动物身上更具有针对性，实践中应用较多，并且已通过客观的测量方法进行了验证（German等，2006；Henneke等，1983；LaFlamme，1997；Laflamme，2005；Stevenson和Woods，2006）。9分制BCS的优点是4分（中等低）和6分（中等高）作为警告区，要求对日粮或管理进行改善，以避免进入具有较高健康风险的身体状况评分区（低于1~3分或高于7~9分，表2-7）。

目前还没有马来熊的体况评分体系，表2-7改编自亚洲黑熊，可为马来熊的体况评分体系提供参考。某些研究证实了利用形态计量学方法和指标确定黑熊体脂/身体状况的有效性，如腰围（Baldwin和Bender，2010）、骨突、皮肤褶皱厚度（Noyce等，2002）、同位素稀释法和生物电阻抗法（Farley和Robbins，1994）。虽然这些方法和指标可能有助于减轻视觉系统的主观性，但大多数很难实施，可能需要保定和/或将马来熊麻醉。应该制订一个计划，以便在给马来熊注射麻醉药物进行检查或治疗时收集其身体状况的信息，采集BCS评分法评估指标、检验BCS评估法的有效性及误差。

表2-7 亚洲黑熊体况评分

分值	指标	描 述
1	非常瘦弱	肋骨、脊椎、髋骨突出明显。无明显可触及的体脂。全身肌肉明显减少
2	瘦弱	肋骨、脊柱、髋骨骼清晰可见。无明显可触及的体脂。整个机体肌肉损失较少
3	偏瘦	肋骨容易触及，有少量脂肪覆盖。可见脊柱、骨盆骨。从上往下看，腰部和腹部明显弯曲
4	轻微偏瘦	肋骨容易触及有少量的脂肪覆盖。背部轻微隆起，骨盆骨略圆。脖子不显瘦
5	中等	肋骨可触及，没有多余的脂肪覆盖。背部平坦（无折痕或脊），骨盆骨圆润。肌肉发达，腰部和腹部收紧明显
6	轻微偏胖	肋骨可触及，有少量多余脂肪覆盖。从上往下看，腰部清晰可辨。体侧、腹股沟、腹部和臀部有少量脂肪沉积。颈部脂肪沉积少
7	偏胖	肋骨可触及，但须适度压迫，有多余脂肪覆盖。腰不可见。臀部有明显的脂肪堆积。体侧、腹股沟和腹部脂肪沉积。颈部有中度脂肪沉积。臀部脂肪形成小袋延伸至大腿内侧

（续）

分值	指标	描述
8	肥胖	用力可以摸到被脂肪覆盖的肋骨。大量的脂肪堆积在臀部，随走路而晃动。体侧、腹股沟和腹部脂肪沉积。颈部有大量脂肪沉积。臀部脂肪形成明显可见的泡延伸至大腿内侧
9	非常肥胖	肋骨被脂肪覆盖。臀部有大量脂肪堆积，随走路而晃动。体侧、腹股沟和腹部有大量脂肪沉积。颈部脂肪堆积过多。明显可见臀部脂肪袋沿大腿内侧延伸至膝盖以上

目前还没有针对马来熊的粪便记分表。为了尽量减少主观评价，建议评估人员通过图片评分（图2-2），以保证评估人员评分标准的一致性。

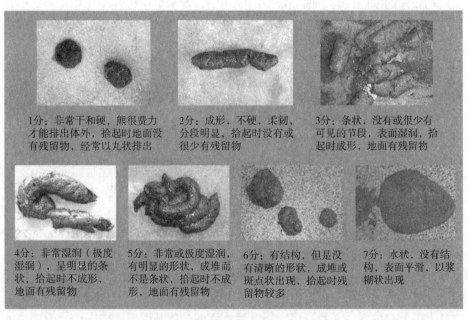

1分：非常干和硬，熊很费力才能排出体外，拾起时地面没有残留物，经常以丸状排出

2分：成形，不硬，柔韧，分段明显，拾起时没有或很少有残留物

3分：条状，没有或很少有可见的节段，表面湿润，拾起时成形，地面有残留物

4分：非常湿润（极度湿润），呈明显的条状，拾起时不成形，地面有残留物

5分：非常或极度湿润，有明显的形状，成堆而不是条状，拾起时不成形，地面有残留物

6分：有结构，但是没有清晰的形状，成堆或斑点状出现，拾起时残留物较多

7分：水状，没有结构，表面平滑，以浆糊状出现

图2-2 粪便评分标准（图片来源：Nestle Purina）

血清学营养状况评估很难实施，缺乏正常值和样本量小导致评估的准确性受到质疑。一些血清营养素只是反映摄入量，而另一些则可能反映机体的储存情况。25-羟维生素D是评估维生素D储存最有效的方法，因为它反映了维生素D在几周到几个月的摄入量。1,25-二羟维生素D更能反映摄入量，而不是储存情况。视黄醇被用作评估维生素A的水平，但血清维生素A水平往往是在体内平衡控制的水平，这在很大程度上独立于机体的总储量。血浆、日粮

摄入和肝脏中生育酚水平存在高度相关性。在正常循环的 α-生育酚水平上，各物种之间存在较大差异，同一物种的不同动物往往表现出各自特有的血浆 α-生育酚浓度（Shrestha 等，1998）。因此，低样本量的数值可能不能反映维生素 E 的状态。Crissey 等（2001）检测了 3～5 只马来熊血清中维生素 D 代谢物、维生素 A、维生素 E、类胡萝卜素、胆固醇、高密度脂蛋白胆固醇和低密度脂蛋白胆固醇的含量，但离散度较高。

三、社群结构

（一）社群结构的改变

在圈养条件下，合理调配马来熊繁殖群的配对，加强遗传学管理，是马来熊成功繁殖的基础。为了保证繁殖的成功率，繁殖群中雄性个体应选择 4～12 岁的健康个体，雌性应当至少选择 4 岁以上的个体；由于活动范围有限，每一个繁殖群应当由 1 只成年雄熊和 2～4 只成年雌熊组成。

研究发现，马来熊父女之间有一种识别机制，能够主动避免近亲交配。雄性后代个体在 3 岁即明显地被其父亲或同笼的成年雄性驱赶，一般在此时就要将其隔离，避免近亲交配的发生。组成繁殖群时应清楚个体的来源，避免近亲交配。野外引种的个体，同一批引种的个体多数来自同一群体，应该利用分子生物学手段鉴定其亲缘关系。

马来熊在人工饲养环境下，圈养群体面临的一个突出问题是如何避免近交衰退。因为一个封闭小种群在繁育中，群体水平和个体水平的遗传多样性会逐代下降。群体的遗传杂合性提供了适应环境变化的潜力，近交导致个体的遗传杂合性下降，产生近交衰退，表现为存活率和繁殖力下降。因此，在人工繁育种群中，必须开展遗传管理关键技术研究，确定圈养群体中个体之间的亲缘关系，了解圈养群体的种群遗传结构，根据遗传学规律制订科学合理的繁育计划，最大限度地保持圈养群体的遗传多样性，使种群能够正常繁育下去。必须选择人工繁育种群奠基者，建立每个建群者的个体基因型数据库；分析繁育种群建群者和建群者之间的亲缘关系与遗传贡献；利用单核苷酸多态性（SNP）或微卫星 DNA 标记技术，鉴定人工繁育种群个体间亲缘关系，建立人工繁育种群的遗传谱系，监测人工繁育种群的遗传多样性动态，预测后代的遗传多样性；建立和优化马来熊人工繁育种群的繁育交配策略和种源补充技术。

（二）群养结构的改变

圈养种群的主要目的包括保护种群的遗传多样性，以及使种群尽快适应圈养环境、提高繁殖率和扩大种群的规模。进行动物园圈养种群的遗传学管理就是要依据不同物种的繁殖生物学特性制定一系列种群繁殖计划，并在动物饲养繁殖中严格实施。以保护种群遗传多样性为目的的繁殖计划，可以把整个种群分成若干小种群，避免近亲繁殖；经常进行小种群之间的合作繁殖，以利于种群遗传多样性的保持，各小种群可以在每一世代间随机从其他小种群引入新的繁殖者；让个体都有大致相同的后代数量，应根据谱系分析通过各种手段使每个种源的基因多样性都在种群中有机会遗传。

我国建立马来熊圈养种群至今已有 50 多年的历史，马来熊的饲养方式多采用成对饲养或多雌多雄饲养。近年来，马来熊种群增长迟缓甚至衰退，主要是由于圈养出生个体的繁殖率较低，以及种群近年持续增高的死亡率。通过对圈养种群的统计学分析发现多雄多雌饲养方式中，马来熊个体相互攻击的现象较多，导致出现外伤和死亡。因为没有足够的躲避空间，等级较低的雄性马来熊长期经受较大的心理压力，易发生肺炎等疾病。根据国外动物园饲养经验，繁殖组的马来熊群体可由 1 只雄性和 1～4 只雌性马来熊组成，其余的成年雄性马来熊可以组成一个雄性群体，但雄性群体与繁殖组之间不应有气味、视觉甚至声音的联系，避免雄性群体发生来回踱步等刻板行为或个体间争夺配偶所致的攻击行为。亚成体马来熊可随繁育组马来熊一起生活，直至被驱赶出群体或人为隔离。亚成体马来熊应尽可能群体饲养，培养其社会行为。

在自然状态下，马来熊幼崽应该在雌熊身边成长至 1.5～2.5 岁。通常只会让雌熊与幼崽生活在一起，但有时也可能将其与雄熊重新合群。不过，只有在雌熊可以积极保护自己幼崽的前提下，这种社群结构才会成功。重新合群取决于成体之间的关系，以及个体的性格，特别是雄熊的性格。将雄熊与雌熊及幼崽重新合群会有很大的风险。合群必须有详细的计划，并且利用一段时间逐步完成。将雌熊、幼崽与雄熊或其他社群成员重新合群的笼舍必须有合理的空间设置。

妊娠后期和哺育期的雌性马来熊需要隔离至繁育区单独饲养，结束哺育期或哺育期超过 1 年的雌性马来熊，经过一段时间与繁育组群体熟悉后，可以重新合群饲养。人工育幼的马来熊在保证机体健康的同时，也要注重塑造其自然行为，让人工育幼长大的幼熊明白自己是一只马来熊，应该表现出马来熊应有的自然行为，并且知道如何与其他马来熊正确相处。目前，人工育幼的马来熊成功融入繁殖群体的案例较少，建议人工育幼的个体与亚成体马来熊合群饲养，而不是直接融合到繁殖组群体中。

全雄组马来熊在没有成年雌性马来熊的诱导和刺激下，很少发生攻击行为，偶然发生的攻击行为可能与空间狭窄、食物供应不足或过于集中有关，当然也存在攻击性特别强的雄性个体。国外机构尝试使用苏博洛林（去沙雷林，一种 GRnH 激动剂），作为不同种类熊科动物的避孕手段，苏博洛林的功能是抑制性激素的产生，使雄性的肾上腺皮质激素和精子产生相应减少，可以作为避孕的手段（这种避孕是可逆的，一旦停止使用苏博洛林一段时间，可以恢复其繁殖状态），同时攻击行为也减少。苏博洛林对于群体攻击行为的管理，特别是对于雄性单身群体管理具有一定的意义。

（三）物种混养

马来熊个体或群体是否能与其他物种共享空间取决于动物展区的大小与结构。在没有充足空间的情况下，不宜与其他物种共享空间。马来熊展区分为封顶和露天两种，露天的展区在具备充足环境空间的情况下，马来熊个体或群体可与草食动物（如印度黑羚）、灵长类动物（长臂猿、叶猴）、爬虫类动物（龟、鳖、鲵类）、鱼类（热带或亚热带鱼）或鸟类（鹦鹉、犀鸟）共享同一生活空间；封顶的展区内马来熊可与灵长类动物、爬行类动物、鱼类或鸟类共享空间。共享空间的物种首选为栖息地共同分布的相互之间不存在猎食关系的物种，不建议不同种类的熊科动物混养，以避免受到伤害或发生杂交现象。此外，马来熊与其他物种共享空间也应当考虑动物疫病的传播以及日常管理的便利性，一些物种特别是水禽可能携带高致病性的病原微生物（但其自身并没有表现任何症状），这类病原微生物对于马来熊群体可能是致命的，在物种的选择上必须细致地研究。

四、繁殖

（一）繁殖生理学和行为

全面了解饲养动物的繁殖生理学和行为是非常重要的，有助于开展各方面的繁殖管理工作，如人工授精、分娩、人工育幼甚至避孕。

1. 繁殖周期监测　马来熊粪便中雌激素和黄体酮的检测可用来检测马来熊的发情周期（Schwarzenberger 等，2004；Frederick 等，2010）。是否可以使用尿液或血液的黄体生成素（LH）来准确地检测/监测雌性马来熊的排卵则需要进一步研究。生殖器官的变化和阴道细胞检测也被用来跟踪马来熊的生殖周期，这是一种有效的和较经济的方法（图 2 - 3），可以替代激素监测（Frederick 等，2010），说明这些替代方法可以提供可视化判断信息。

2. 繁殖饲养要求　与合群饲养 3 只或更多只马来熊群体相比，成对饲养的马来熊有更高的繁殖成功率，这可能是因为成对饲养的马来熊仅存在低水平的竞争行为和社会压力（Frederick 等，2013）。通过一对马来熊在一起的时间

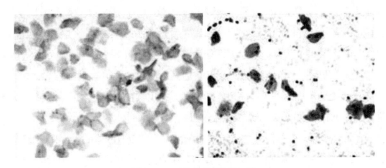

图 2-3 马来熊阴道细胞

在发情期高峰前两周可观察到阴道黏液变化。PAP 染色的阴道上皮细胞可以指示发情（左：有核角化细胞多于副基细胞，副基细胞以大中间细胞为主，血小板较少）与其他周期阶段如假发情（右：副基细胞散在稀疏、伴有细胞碎片和血小板）的区别。收集阴道拭子和处理样本的详细程序和规程，请参见 Frederick 等（2010）的报道（图片来源：Ravensara Travillion）

长短不能很好地预测它们什么时候生育。研究资料表明，一对马来熊在受孕前在一起的时间从 4 个月到 14 年不等，但平均在 4～5 年受孕（Frederick 等，2013）。由于马来熊一年中会反复发情，动物园往往会全年都把它们放在一起（图 2-4）。如果疑似妊娠，且雌性对雄性的容忍度持续下降，可能需要将这对马来熊在预产期前一两周分开。即使是在兼容的情况下，也至少要在预产期的前几天将雌性分开，以确保在分娩过程中没有雄性的干扰。通常情况下，雄性与雌性分开后就完全不会与幼崽接触。直到幼崽有一定的独立行动能力（如在 6 月龄时），才可以将它们引入，但是应该谨慎地进行，只有在雌熊和雄熊的性情允许的情况下才可以尝试。雄性马来熊有伤害幼崽的风险，并且这种风险无法预测。

图 2-4 马来熊的交配

真实妊娠和假孕之间的区别仍然很难区分（Frederick 等，2012）。对伴侣的攻击性在假孕开始时表现得最明显，然后逐渐减弱，因此最好等到妊娠后期再将雌性个体与同种个体分开，以确保繁育的成功率（Frederick，2008）。研究表明，在假孕期间，群体问题增加，尤其是食物竞争，但在这个时候完全分离动物可能会导致永久性的群体融合问题。可以通过分食和其他社会管理方式让马来熊合群饲养，直到妊娠后期才分开（Frederick，2008）。

马来熊的繁殖成功率极低，生活在美国动物园的雌性马来熊中只有不到20％有繁殖史。雌性马来熊不发情或雄性存在生育问题（Frederick 等，2012，2013）是主要原因。强烈建议密切监测适龄繁殖雌性马来熊以确定其是否有发情表现（Frederick 等，2010），改善它们的环境，避免增加配对马来熊的心理和社群压力（Frederick 等，2013）。应研究尿液或血液 LH 监测是否可以用于准确地判断马来熊是否排卵；开发一种简易可靠的妊娠诊断技术而不是靠晚期超声检测是非常必要的。同时，需要更多关于雄性生殖能力的研究资料以评估雄性的配种能力。

（二）人工辅助生殖技术

人工授精（artificial intelligence，AI）在动物身上的实际应用是在 20 世纪早期发展起来的，目的是将优异的牲畜特征复制给更多的后代。在过去十年左右的时间里，国外动物园和水族馆在多物种繁育上尝试使用 AI 技术，许多物种的繁衍都得益于该技术的发展。谱系管理目的是通过提供详细的遗传资料和种群分析数据来帮助管理动物种群，通过机构内部及机构之间的繁殖配对来维护遗传多样性。虽然这些决策是基于合理的生物学推测，但在付出巨大的代价进行个体转移后，并不能保证成功繁育，AI 技术可以弥补这些工作的不足，提高繁育成功率。

AI 技术可用来满足谱系管理上确定的配对需求，而不需要重新移动动物。雄性接受的训练是自愿配合采集精液样本，雌性接受的训练是自愿接受授精和妊娠监测，如血液和尿液激素检测和超声波评估。用于保存和冷冻精液的技术已经在多种（但不是所有）濒危物种中应用和实施，但在马来熊上的具体实施技术和流程还需要进一步研究。

除了动物机体问题，AI 技术还会出现精子和/或被授精动物的所有权问题。通常情况下，一只适龄繁育的雌性马来熊可以使用多只雄性的精液。与任何自然育种一样，必须确认繁育子代父亲是谁，子代的所有权归谁。在尝试AI 之前，必须办理相应的合作手续。

国外学者在马来熊中尝试过 AI 技术，但没有成功。这些技术是基于大熊猫身上使用的技术，遇到的一个主要问题是难以通过雄性电刺激获得足够质量合格和数量合适的精子样本。其他技术障碍在于人工辅助繁育技术智能化程度和对雌性马来熊排卵时间预测的准确性。对准确预测熊的排卵、监测妊娠参数以及自愿采集精液的训练技术的研究将极有利于今后 AI 技术的应用。

（三）妊娠和分娩

　　了解动物在妊娠期间的生理和行为变化是非常重要的。马来熊没有明显的受精卵着床延迟现象，其他熊科动物可能在交配后的一个月内发生这种现象（Frederick 等，2012 年）。马来熊在一年中任何月份都有繁殖和分娩的能力。根据交配和分娩之间的间隔，妊娠期的长度会因观测角度不同而有所不同。Frederick 等（2012）和 Schwarzenberger 等（2004）报道了 103d、109d 和 110d 的妊娠期。Dathe（1970）则报道马来熊妊娠期为 95～96d；另一份报告显示两个妊娠期间隔分别为 96d、101d 和 105d（Smith，1979）。根据美国谱系记录（Shewman，2008）（图 2-5），在 103 个有完整记录的出生日期中，秋季出生更频繁（Frederick 等，2012）。春末夏初可以观察到马来熊有非常强烈的发情行为，发情周期总体而言更有规律（Frederick，2008）。根据谱系的数据和 PopLink 1.3 的分析（Faust 等，2008），马来熊一窝产 1～2 只幼崽，而在动物园里，产 1 只幼崽要常见得多（约 90%）。

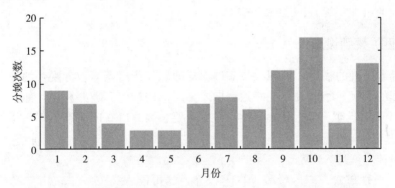

图 2-5　马来熊每月分娩幼崽数变化情况（基于北美谱系的数据）

　　由于幼崽很小，马来熊在分娩过程中通常不会出现问题，兽医通常不会在分娩过程中进行干预，但雌性马来熊产后如出现弃仔行为，应选择适当时机开展人工育幼。

　　在妊娠的最初阶段，孕酮是由黄体产生的。随着妊娠的发展，孕酮的主要来源变成胎盘，胎盘大量产生孕酮并作用于子宫肌层。循环的黄体酮随后转化为多种代谢物，并被排泄到尿液和粪便中（Bronson，1989）。

　　在马来熊的粪便中可以检测到孕酮代谢物。然而，激素监测还不能提供可靠和明确的信息，因为目前尚不能区分马来熊妊娠和假孕期间激素的水平（Tsubota 等，1987；Sato 等，2001；Clamon 等，2003；Schulz 等，2003；Frederick 等，2012）。因此，激素检测并不是马来熊妊娠的可靠指标。超声检查仍然是准确判断妊娠最可靠的方法（Goritz 等，1997；Goritz 等，2001），尤其是在妊娠后期。假孕的雌性马来熊甚至会经历一些初步的妊娠变化，如子宫内膜增厚，所以早期的超声检查可能不是一个可靠的指标。由于熊崽的体积小（马来熊幼崽体重 325g）（Frederick，2008），所以体重增加不是妊娠的可靠指标。假孕的雌熊也能表现出与妊娠相一致的行为变化。例如，食欲增加、攻击性或不容忍行为增强、挖洞、不安和刻板行为都可能发生。假孕可能在马来熊的雌激素分泌高峰后 5～31d 开始，可以持续到真正妊娠的时候（Frederick 等，2010；Frederick 等，2012）。如前所述，开发可靠的妊娠诊断方法将大大促进马来熊的有效繁殖管理。

妊娠和即将分娩的马来熊的机体和行为指标包括：出生前 1～7d 乳头发育增加，出生前一周外阴明显变化，烦躁不安，食欲下降，挖掘行为增加，出现营巢行为，出现异常的发声和行为。雌性马来熊臀部如湿黏、皮毛发光，则表明其在几个小时内即将分娩（Euwing，2002；Fuldrik，2008）。在幼崽出生之前，应该制订全面的分娩和哺育管理计划，包括新生幼崽检查程序、人工育幼准备和通讯准备等（Frazer，2013）。

（四）繁殖设施

随着分娩的临近，护理人员应确保雌熊能在产房安静地分娩，消除人类和其他熊的干扰。雌熊只有在妊娠后期才会对产房产生兴趣并利用，如在分娩前的几周或几小时。而让雌熊熟悉产房很重要，因此所有产房准备工作尽可能提前做好，这样雌熊就可以进入产房进行"测试"。在预产期前两周到一个月，应适时让雌熊进入产房。

1. 雌性巢穴　应尽量减少饲养操作，尽可能保持安静，仅由熟悉的饲养员进行日常管理。雌熊分娩前后要制订详尽的管理计划。监控雌熊和幼崽行为很重要。如有可能，雌熊的巢（或巢箱）应再进行修改或调整，同时调整监控摄像装置。这可能需要在巢或巢箱内增加可减轻对熊视觉刺激的低照度光或红外摄像头。除了产房或母婴室之外，还应包括两个正常内舍大小的隔间。待产雌熊可以进入所有这些笼舍，如有可能，还应该配置户外场地。这对改善马来熊的福利状况和成功抚养幼崽方面起着重要作用，特别是雌熊初产或非常紧张的情况下。在雌熊活动区域内可配置洞穴作为玩耍设施，幼崽可以通过这些设施体验不同的材料和结构。绳索、牢固的树干、悬挂的塑料桶、木桶可以与攀爬架及休息场所灵活地结合在一起。当幼崽第一次攀爬时，笼舍的地面应该铺一层厚厚的稻草或其他垫料，以防止其坠落受伤。当幼崽出生时，所有饮水器皿的水位都应该下调。

2. 营巢材料　熊会大量使用营巢材料，尤其是妊娠状态的雌熊。营巢材料为雌熊提供了床和良好的隔热层，这样其身体的热量就不会散失到地面。由于幼崽的体温调节系统尚未发育完善，所以雌熊哺育幼崽，营巢材料的保温功能至关重要。

营巢材料可以选择稻草、干草或木丝，只要这些材料不带灰尘、不发霉、不处于结籽期就都可以用作营巢材料。混合 50％ 的干草和 50％ 的木丝有助于防止干草快速发酵分解和减少室内灰尘；刨花板对幼崽可能存在负面影响（刮损和碎片创伤），不宜使用；切忌在投喂的器具中放置吸管，因为长吸管或麦秆可能会导致幼崽窒息；当尿液和粪便堆积时，应尽可能移除/更换营巢材料。这些工作应在雌熊使用巢箱但尚未分娩的情况下进行。

幼崽产后几周内，不要进行清洁。额外的营巢材料可以留在巢箱外面，以便雌熊自己把筑巢材料带进产箱。产后几天，雌熊就会开始从产（巢）箱中出来觅食。几周后，在雌熊允许的情况下，可进行隔离并清理产房。清理产房应尽快完成，如果幼崽在场，不要使用消毒剂。并不是所有的雌熊都能容忍隔离，要综合衡量。在分娩前开展训练可以建立信任关系并促进雌熊容忍隔离。

3. 监控设备　分娩之前监测雌熊，识别和排除可能出现的任何隐患是非常重要的。幼崽出生后，监控设备和麦克风可以帮助确定幼崽的状态。如果在产房内没有视频监控，建议使用麦克风来监控幼崽在产房内的发声情况。没有录音功能的视频监控提供的信息会比麦克风少，因为判断幼崽出生后状态的最佳指标是幼崽的发声。观察马来熊的照管行为对于判断育幼成败至关重要。在育幼室安装麦克风和/或监控设施比管理员进入产区或通过窥视孔观察更可取。应记录哺乳、抚养行为等，这可以跟踪和评估雌熊和幼崽的状态（表 2-8）。

表 2-8　可判断雌熊和幼崽哺育状态的声音和行为指标

积极的行为和声音	消极的行为和声音
哼鸣：发出有节奏的声音，包括幼崽吮吸乳头和呼吸的声音、雌熊部分皮毛或幼崽的爪子在幼崽嘴里时发出的声音	长时间的吱吱声：偶尔短暂的吱吱声是正常的，但长期或频繁的剧烈吱吱声可能表示雌熊对幼崽的叫声漠不关心，或雌熊分娩后短时间离开巢穴（箱）

马来熊幼崽在重新引入群体之前应跟随雌熊或被雌熊照顾；幼崽大约 3 月龄时单独活动。某些动物园在雌熊分娩后 66～81d，首次记录到马来熊幼崽在

没有母亲帮助的情况下离开巢箱（Hall 和 Swaisgood，2009）。让幼崽自由活动时要考虑室外温度是否合适。幼崽只能短时间在温度低于 10℃（50°F）的环境中活动，不能在极端天气条件下（如大雨、冰雹、大风等）活动。

（五）人工育幼

无论是野生还是圈养的马来熊，均有雌性分娩后不能成功哺育后代的情况发生，有必要适时开展人工育幼。尽可能自然哺育，因为目前的人工育幼技术还无法满足幼崽的行为和社会需求，以促进幼崽自然行为的发育。人工育幼长大的熊经常可以观察到行为问题。

如果幼崽的健康受到影响，应迅速处理。在没有同类（父母或兄弟姐妹）的情况下，人工育幼是最后的选择。应充分听取兽医、饲养员和管理者的意见，制定详尽的人工育幼方案。

围产期的干预会带来一定的风险：雌熊本来开始照顾幼崽，但不合适的干预使其感到心理压力，精神不能专注，从而拒绝接受幼崽。必须干预时应考虑雌熊的生活历史、繁育经验和性情。关于人工育幼的建议见附录。

选择母乳替代品应该基于营养水平的评价。目前，商品化的犬乳替代品很多，有些可能适合马来熊，也有一些不适合作为马来熊母乳替代品。商品化犬猫替代乳与人乳替代品（含有较高乳清∶酪蛋白比例）或其他母乳替代产品（含有较低乳糖比例）一起使用时，可哺育出健康的马来熊。人工育幼马来熊的初始生长速度低于雌熊喂养的幼崽，主要原因可能是母乳成分和母乳替代品存在差异、喂养方式也与雌熊哺育不同等。

1. 配方选择　经过大量的实践，马来熊母乳替代品从牛乳发展到犬/猫乳汁替代品，到现在以犬猫母乳替代品混合人用高乳清母乳替代品。从其他熊类乳汁的营养成分来看，可以推测马来熊乳汁中脂肪含量更高。因此，在某些马来熊母乳替代配方中以鸡蛋或奶油的形式添加脂肪，可以提高乳汁中脂肪含量。Edwards（1997）综述了乳酸石（一种在动物胃肠道中因未消化的乳凝物积累而产生的异物）形成机理，以及高酪蛋白配方在喂养眼镜熊幼崽和哺育婴儿的相似性。上面已经提到了几种基于酪蛋白的母乳替代品配方，但没有记录动物对配方乳不耐受性、产气、腹胀、粪便异常或产生乳牛黄等现象。从哺育情况看，两家动物园在调查问卷中提到了马来熊哺育初期的胀气和腹胀。马来熊乳汁可能比其他熊类乳汁含有更少的酪蛋白（Jenness，1972）。选择或制定马来熊人工育幼母乳替代品时应考虑这些研究资料。按照制造商提供的乳汁替代品配方数据，人工育幼时不需要额外为马来熊幼崽补充维生素和矿物质。一些商品化母乳替代品所含的乳糖量可能高于熊乳，有必要使用乳糖消化酶。

2. 喂食量　配方乳的投喂量应根据幼崽的体重和替代乳能量含量制定。人工育幼马来熊的生长发育数据因配方中能量、投喂量的不同而不同。平均最低日增重（ADG）目标可能是 40~60g（0~60d）和 90g（60~291d）。为达到这样的目标，能量水平估计值为：在投喂固体食物之前，马来熊每天需要摄取的能量按体重计是 753~1 088kJ/kg。每天的投喂量可以用所选公式的能量密度来计算。身体状况和生长速度可以用来评估幼崽的发育情况。配方乳占体重的比例每天为 20%~33%。如果不考虑配方乳的能量含量，马来熊可能会出现严重喂食不足或过量。幼崽应在每天的同一时间称重，以便准确比较体重随时间发生的变化；喂食前后的称重可以显著影响熊体重评估的准确性（Weber，1969）。

3. 喂食计划　杂食动物的最大胃容量一般为体重的 5%。熊通常以疯狂的方式进食，易导致消化不良。因此，应缓慢调整喂食量，使用相对统一的母乳替代品。某些动物园在人工育幼的前几周每 2~3h 提供一次配方乳。然后，在接下来的几个月，每次喂食量会逐渐增加，慢慢延长喂食间隔的时间。持续少量的喂食可以降低胃肠道压力。幼崽不应该吃得太多，否则会导致消化不良和腹泻（Rosenthal，1994）。

4. 喂食器　人工喂养马来熊幼崽时，如用人用奶嘴或类奶嘴，应提前使用人用奶嘴来训练马来熊幼崽采食。Rosenthal（1994）注意到，奶嘴上的孔不能太大，因为熊不能吞咽快速流动的乳汁。应该根据马来熊幼崽的适应程度，调整奶嘴类型和开口，要反复尝试找到最佳的奶嘴以供每只幼崽使用。奶瓶和碗应该在喂食间期进行清洁和消毒，奶瓶可以煮沸，以避免来自环境的污染。

5. 断奶　幼崽断奶的基本原则是在乳汁中逐渐加入固体食物，逐渐减少奶瓶喂养，同时在饲具中添加精饲料（Rosenthal，1994）。可在饲具中添加一些干的、营养全面的食物，拌有其他软的食物，包括捣碎的水果和煮熟的蔬菜。对马来熊来说，根据幼崽对固体食物的适应快慢，可以在 28d、60d、71d 或 93d 拌入固体食物。马来熊幼崽多数在 120d 断奶。

6. 生长　人工育幼的马来熊（马来熊，$n=2$）和双亲饲养的马来熊的生长曲线如图 2-5 所示。人工育幼的马来熊在 60d 的生长率似乎出现了中断；其在 60d 前的平均日增重（ADG）为 41~63g，60d 后为 88~93g（表 2-9，图 2-6、图 2-7）。早期生长的差异很可能是由于喂食配方和/或喂食量的能量含量的差异。马来熊生长速度的增加与固体食物的引入相一致，但动物园 1 缺乏具体的照管记录。从 0d 到 16d 的生长变化范围为 14~25g/d、17~120d 为 53~91g/d。动物园 4 和动物园 5 喂食配方的能量含量差异可能与喂食量差异相似，导致了生长速度的差异（图 2-8）。动物园 4 的马来熊早期出现配方乳不耐受，导致生长发育缓慢。121d 之后，虽然动物园 4 人工育幼的马来熊最初比亲本哺育的马来熊生长慢，但后来的生长速度接近 204～216g/d。自由散养和人工育幼的体重增长率等数据需要严格比较，以便改善人工育幼方案。如能获得更多的比较资料，则可以进一步完善马来熊的人工育幼技术。

表 2-9　不同动物园人工育幼马来熊的平均日增重（g）

日龄	动物园1	动物园2
0～60	63	41
60～91	93	—
60～291	—	88

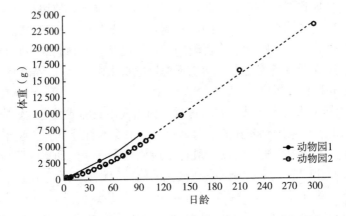

图 2-6　两家动物园人工育幼马来熊 0～300d 的生长速率

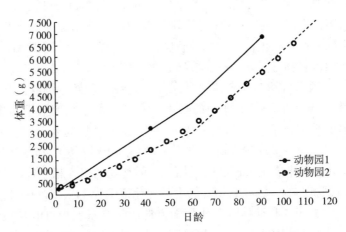

图 2-7　两家动物园人工育幼马来熊 0～120d 的生长速率

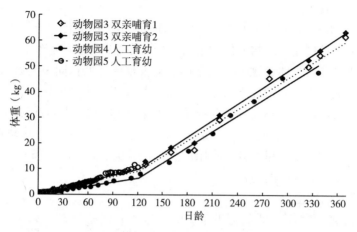

图 2-8　四家动物园马来熊幼崽的生长速率

7. 食品安全/卫生　喂养幼崽的配方乳应与食物分开储存和冷藏，超过
24h 的已调制的配方乳或奶粉应丢弃。奶瓶和奶嘴应及时清洗和消毒。

8. 记录　准确记录对于评估人工育幼过程的得失至关重要。应记录哺育
日期、出生日期、体重、配方浓度、采食量、大便情况、排尿/排便（大便质
量）、药物/治疗、进食反应、行为及相关情况。可将数据记录在电子文档中便
于快速评估、汇总和分析（表 2-10、表 2-11）。

表 2-10　马来熊的繁殖参数

性成熟 时间	繁殖期 （月）	妊娠期 （d）	产仔期 （月）	产仔数 （只）	生育间隔 （年）	冬眠期 （月）
4～6 岁	1—12 （没有明显的季节性）	96～107	1—12 （没有明显的季节性）	1（2）	2～3	无冬眠

表 2-11　圈养马来熊幼崽的生长发育

出生体重 （g）	平均体重（g）			幼崽睁眼 时间 （d）	第一颗牙 出牙时间 （d）	尝试爬行 时间（d）	雌熊看护 时间（d）	进食固体 食物时间 （d）
	1 月龄	2 月龄	3 月龄					
255～325	1 800	4 000	6 800	20～30	35～45	25～35	55～65	65～85

9. 喂食和排泄　喂养幼崽时，应将其放在平坦的地面或桌面上。在喂养
过程中如果让幼崽保持直立或头向后的姿势则容易导致幼崽误吸乳液而死亡。
每次喂食后应刺激幼崽排尿和排便。在喂养前发现幼崽有气体积聚或出现腹胀

问题时应促使其排泄。

10. 社会化 在人工育幼的情况下，幼崽应尽快社会化。应尽可能早让其接触成年熊。通过交换动物使用的垫料，可以促进成年动物和幼崽之间的嗅觉接触。如无法进行身体接触时，视觉接触也很重要（处在同一展区时）。人工育幼的幼崽能自主采食情况下（2～3月龄）与成年马来熊的接触是有限的。4月龄的幼崽可能已经来不及开始与成年个体互动。实践表明，此时幼崽已经变得非常依赖人，缺乏社交技能（Euing，2002）。如果人工育幼的幼崽与其他马来熊不能在同一笼舍里相处，有限的身体接触也是必要的。隔网接触时，建议使用2.5cm×2.5cm的网格。

11. 推荐的设备

➢ 保温箱/培养箱［设置温度于29℃（85℉）］，见表2-12

➢ 羊皮垫/合成羊毛垫

➢ 加热垫（放在较低的位置，垫布等厚度加倍，桌面或地面不宜全部铺满加热垫，方便新生幼崽感觉太热时移动至合适的地方）

➢ 瓶/奶嘴

➢ 母乳替代品

➢ 添加乳糖酶（Lactaid®），减少肠胃不适

➢ 最初几次喂养可使用电解质溶液，腹泻发生时代替水补充体液

➢ 体重计，每天测量体重

➢ 体温计，每天监测体温，以确定新生幼崽何时能自行调节体温

表 2-12 马来熊产箱尺寸（m）

产箱（长×宽×高）	入口大小（宽×高）
2.10×1.50×1.20 或 2.00×1.50×1.00	0.50×0.70

（六）避孕

动物园中的马来熊，需要考虑采用避孕技术，以确保种群数量保持在健康的水平。如确定永久避孕，必须事先申报并审批同意。

物种管理组提出的繁殖和转移计划中，将繁殖后代过多的马来熊个体列为避孕管理对象。由于雌性马来熊在避孕结束后可能不再有生殖周期，所以应尽可能避免避孕。在发情期使雄性和雌性马来熊分居是避孕的首选方法。

五、种群管理

为了管理在全国各地分散圈养的马来熊，中国动物园协会建立了圈养马来熊谱系，通过向会员单位发放调查表的形式收集了马来熊的详细资料。调查内容包括来源（野外捕获和圈养出生）、性别、血缘关系（父母个体资料）、哺育方式（人工哺育和亲本哺育）、标记（标记方式和标记号）、出生、死亡、转移等详细个体资料及事件记录。国际物种谱系登录系统一般采用SPARKS（single population analysis and records keeping system）软件进行登录编辑，这是国际物种信息系统 ISIS（物种360）出版的软件。马来熊个体资料经核对后采用 SPARKS 1.6 进行登录编辑，使用 SPARKS 1.6 自带分析软件和 PMx（population management x）种群管理软件对种群的统计学和遗传学参数进行分析。这次数据来源于截至 2014 年 3 月 1 日的全国圈养马来熊种群资料（表 2-13）。

表 2-13 中国圈养马来熊主要分布情况统计（截至 2014 年 3 月）

机构	马来熊数量（只）
福州大熊猫研究中心	10
郑州动物园	2
石家庄动物园	5
北京绿野晴川野生动物园	4
上海动物园	8
苏州动物园	2
上海野生动物园发展有限责任公司	12
长春动植物公园	3
广州动物园	3
大连森林动物园	5
栖霞口野生动物园	7
重庆动物园	3
昆明动物园	3
天津动物园	5
杭州野生动物园	4

圈养种群统计数据中，分布情况、圈养出生数量、野外捕获数量等数据来源于 SPARKS 统计结果，种群周期增长率、净增长率、内禀增长率、年龄结构、性比、繁殖季节、存活率、繁殖率、世代周期、遗传学参数等数据来源于 PMx 统计结果。具体计算公式如下：

$$\lambda = N_t/N_{t-1} \qquad\qquad (1)$$

$$R_o = \sum L_x M_x \qquad\qquad (2)$$

$$R = \ln R_o/T \qquad\qquad (3)$$

式中，λ 为种群周期增长率（$\lambda > 1$，种群增长；$\lambda < 1$，种群下降）；N_t 为当年种群个体数量；N_{t-1}，为上年种群个体数量；R_o 为种群净增长率（$R_o > 1$，种群上升，$R_o < 1$，种群下降）；L_x 种群存活率，M_x 为种群繁殖率，R 为内禀增长率（$R > 1$，种群增长；$R < 1$，种群下降）；T 为世代周期。

马来熊谱系记录了 122 只历史圈养个体，截至 2014 年 3 月 1 日，中国马来熊圈养种群现存 93 只，分布于国内 23 家动物园或机构中，其中上海野生动物园保育 12 只马来熊，为谱系记录中全国最大马来熊圈养种群。

野外捕获个体主要来源于 20 世纪 70～90 年代，其中多数为野外捕获或与国外机构进行种源交换所得（野外捕获个体是指来源于野外而当前饲养在笼舍内的存活个体）。圈养出生个体数近年有所上升，但仍保持较低的出生率，2012—2014 年圈养出生数量仅为 7 只，是目前维持马来熊圈养种群的主要来源，仅占种群总数的 7.52%。PMx 统计结果显示，种群周期增长率 $\lambda = 0.999$，（式 1），净增长率 $R_o = 0.999$（式 2），内禀增长率 $R = -0.001$（式 3），是一个衰退种群。

种群中雄性 46 只，雌性 45 只，未知性别 2 只，性比为 1：1.02。圈养种群年龄结构图显示种群中育龄个体数量较少，17 岁以上老年个体较多，幼体的个体数量占比例较小，是典型的壶状结构，可以认为该种群如果不引入新的种群建立者，将处于衰退的状态。

在圈养条件下，马来熊的繁殖没有严格的季节性，每年 3—4 月以及 9—11 月是马来熊分娩的主要时期，但其他各月也有幼崽出生，每月都有波动，主要由人工饲养所致。马来熊的繁殖多为单胎，育龄年限多集中在 4～16 岁。4～16 岁的繁殖率在 1%～7%，12～15 岁、18～19 岁有较大的波动，这可能与奠基者个体过少及饲养管理因素有关，23 岁之后繁殖率急剧下降，但 20 岁以上群体仍保持 10%～15% 的繁殖率。现有的 93 只马来熊圈养种群中，育龄前个体有 15 只，繁殖年龄个体有 45 只（雄性 16 只、雌性9 只）。马来熊世代周期 $T = 14.00$。

马来熊圈养种群平均寿命为 19.1 岁，50% 的个体存活到 18.8 岁，25% 的个体存活到 20.6 岁，10％的个体存活到 23.2 岁，目前种群中有 4 只存活最老的雌性个体平均年龄为 24 岁。

马来熊圈养种群中如果幼崽年龄为 6 月龄以上，幼崽存活率较高，在接近生理寿命前只有少数个体死亡，到达生理寿命后存活率迅速降低，则符合种群凸型存活曲线。

目前马来熊圈养种群有 7 个建立者，存活后代为 78 只，还有 26 只存活的野外捕获个体没有留下后代，即潜在建立者。种群遗传多样性指标（GD）目前保持较低的水平 85.8％，相当于 6 只与它们无亲缘关系个体的基因多样性总量。如潜在建立者也参与繁殖，基因多样性能达到 98.51％。平均近亲系数 $F=0.010$，平均亲缘关系值 $MK=0.142\,0$，近亲系数等于父母的亲缘关系值。近亲繁殖的水平暗示有近交衰退的趋势，许多遗传学家和种群管理者认为很危险的近亲系数是大于 0.125。

圈养种群的遗传学管理是动物园保护珍稀濒危物种健康发展的需要。对圈养种群进行遗传学管理，避免近亲繁殖，保持较高水平的基因多样性是非常有必要的。目前种群遗传多样性指标 GD 为 85.80％，遗传多样性的保持水平有待提高。实际上，有些小种群内的基因多样性远低于整体水平，而个别动物园饲养单只马来熊，其基因非常容易丢失。种群中还有 19 个有繁育能力的潜在的建立者，应采取行之有效的办法激活或恢复潜在的繁殖能力，尽快参加繁殖，以保存和提高每个小种群的基因多样性，从而提高整个马来熊饲养种群的繁殖率。建议将分散在全国各地的马来熊统一调配，加强动物园机构之间的合作繁殖。

马来熊是我国分布的重点保护物种，圈养的数据表明，马来熊的繁育存在奠基者少、繁殖过低、种群中个体平均年龄偏大等问题，从种群管理的角度制定繁殖策略非常重要。种群数量较大、有较多繁育历史的饲养机构如上海野生动物园、重庆动物园、上海动物园应将马来熊列入机构物种收集计划之中。同时 TAG 工作组也应将马来熊列入区域性物种收集计划之中。

马来熊虽然是常年发情的熊科动物，但是从种群数据来看，国内外圈养马来熊的种群规模仍然偏小，制约种群规模发展的因素很多，现有的种群整体处于衰退状态。若想改变这一状态，需要优化整合现有种群的种质资源，开发人工采精、精液保存和人工授精，促进适龄繁育的雌性马来熊维持正常的发情和排卵周期，更充分地发掘和利用现有的种质资源。在没有引进外来血缘个体的情况下，圈养马来熊种群规模可以设定为 100 年保持 85％遗传多样性，种群规模目标为存活个体 200 只。

六、丰容管理

物理丰容、食物丰容、社群丰容、感知丰容和认知丰容是动物丰容的五大类别。

1. 物理丰容 是指通过设置符合动物自然需求的栖架、地表垫材、巢穴（营巢材料）、庇护区、遮蔽处，以及增加垂直空间复杂度等方式，增补物理环境设施，增加环境复杂度和多样性，在圈养环境中为动物提供更多的选择和控制。因为物理丰容不易频繁更改，因此在丰容开始之前要都要综合考虑地形、植物、人工建筑等因素。

2. 食物丰容 是指为动物提供可以带来新鲜感的食物，和/或改变喂食方式，让动物在获取食物的过程中表达更丰富的自然行为并且延长取食时间。

3. 社群丰容 是指为社群动物构建一个合理的社群，这对马来熊是非常重要的丰容方式，可增加个体安全感并有助于情感的交流和新技能的学习等，可以有效保障动物福利。

4. 感知丰容 是指刺激动物的视觉、嗅觉、听觉、味觉等多重感官，增加环境中的刺激复杂度。

5. 认知丰容 涵盖所有可能引发动物探索、思考、判断、认知的体验，正强化训练是认知丰容的重要组成部分。

对动物的笼舍环境进行丰容，可以产生积极的效果。应提供一些合适的天然材料、基质等以促进动物自然行为的展示。这种环境丰容很少能更改，在每次丰容开始之前要都要综合考虑地形、植物、人工建筑等因素，提供不同种类的基质等。此外，每天提供不同刺激物，让动物产生不同的感觉体验和激发更多的自然行为，即日常丰容。

可以改造一些旧的设施，让这些设施变得复杂和有趣；添加一些物体、植被和设施等，可以提高丰容的动态活力，提升丰容效果，这样不管是新的丰容设施还是旧的丰容物都有环境刺激的作用。经常更换或者每天在不固定的时间提供丰容材料都是非常好的方法。

天然物体或者材料可激发马来熊一系列自然行为（探索、挖掘、攀爬等），为马来熊提供展现这些行为的机会。经常更换丰容物将会激发马来熊产生一系列的自然行为。

马来熊的智商很高，要求的活动场地较大，如果空间过度限制，即使不停地提供环境丰容物，马来熊也会感到无聊，表现出一些非正常行为。应尽可能为马来熊提供一个小型栖息地，如天然的地面植被、灌木丛、乔木、河岸和水池。一些较大的动物园/野生动物园可以尝试在笼舍内混养其他物种，如鹿，灵长类动物和孔雀。

（一）丰容目的

在制订一个丰容计划时，首选要确定的就是丰容目标，一定要做有"目的"的丰容，这个"目的"同时也是以后评估丰容是否有效、是否达到目标的依据和标准。

开展环境丰容的主要目的在于刺激动物表达更广泛的种属特异性行为，同时减少成年动物的刻板行为，以及预防幼年动物刻板行为的形成。同时，环境丰容也有提升饲养管理的目的，如通过丰容减少动物的无聊感，从而减少其对场馆设施的破坏性；或是通过在特定位点丰容，让动物更多出现在游客面前，并展示多样的行为。

熊类动物非常聪明且行为复杂。它们应该生活在认知和身体都能受到刺激的环境中。这个充满刺激的环境能够让它们表达各种自然行为，如探索、觅食、进食、攀爬、操弄物体、休憩、躲避不良天气，避开其他物种、同物种其他个体及游客等行为。在熊类动物的丰容工作中，有太多东西可以作为丰容的目的。

举例说明，如果一项丰容的目标是增加熊的自然觅食行为，其中可以包括很多内容：一天中开展多次喂食（至少 2 次），并且将喂食时间变得更加随机化，以确保动物有足够的机会寻找食物；大部分的食物分散在整个室外展区和喂食器内，这样能增加熊的觅食"工作量"，熊必须完成寻找的过程，才能获得食物；分散的、无法预测的食物可以促进熊的各种觅食行为、增加觅食时间，有助于防止异常或刻板行为的出现（Forthman 等，1992；Fischbacher 和 Schmid，1999）。在分散食物之前，可以考虑在室内分别给熊喂一些高热量的食物，以确保每只熊都能平等地获得热量。除了分散喂食，还应该在树上熊栖息的位置提供食物，这样熊就必须爬上去或采取两足站立的姿势才能得到食物；还可以将食物掩埋或将食物进行伪装，以促进熊的活动和觅食行为。昆虫类的食物，如蟋蟀、黄粉虫和蜡虫是亚洲熊类重要的多样性食物，能刺激其自然的觅食行为。昆虫应放在容器中或隐藏在木头里等，让熊面对觅食的挑战。

将丰容目的列举越详细，越方便开展有针对性的丰容，也更利于丰容效果的评估。上述例子可以拆分为多个更为具体的丰容目的，产生更多好的丰容方法。

丰容计划的目的并不是简单地模仿自然环境，有些细节在圈养环境下并不一定可行，但是可以从以下四个属性（从动物的角度而言）来思考一项丰容。

1. 环境复杂性 饲养环境应该为动物提供适度的复杂性（环境多样性），反过来动物也需要花时间去适应这样的复杂性。所以在增加环境复杂性时，要做到符合动物个体的状态，如对于一只年幼或年老的熊，太复杂的环境并不适合它们；即使是面对成年熊，增加环境的复杂性也应循序渐进。对于马来熊，树的特点、攀爬架的特点都需要马来熊逐渐适应。提供种类繁多的食物也可以增加环境的多样性。

2. 给予动物达到目标的机会及奖励 通过奖励的形式让动物去完成一个简单的目标，如让马来熊在管子中寻找隐蔽的食物或冬季在室外场所沐浴阳光，这些都是环境丰容。提供更多的设施，熊可以创造自己的目标，如北极熊可以利用设施进行捕猎游戏（猛扑向交通路标或墙上弹起的球等）。

3. 不可预测性 如变化的食谱、新颖的物品、新的训练任务，以及重新安排的物品（给一批相似的物品增加新的工具，能显示新的功能）。一种有效增加不可预测性的方式是安排丰容日程表，每天完成不同的丰容内容，每周或每两周重新制作一次丰容日程表。食物丰容、感知丰容、认知丰容都是较容易实现日常变化的丰容类别。对于物理丰容，在理想的情况下，物理环境的各个方面都应定期改变，如每2～3年可适当改变地形、每年可增加不同绿植、栖架等生活设施，这些改变对于马来熊非常重要。

4. 安全性 包括丰容物是否会导致动物受到外伤，是否存在有毒有害物质或化学物质，丰容设施或其部件是否会被动物吞食而造成窒息，是否会存在动物溺亡的风险，动物是否会被缠住，是否会造成场馆破坏，是否会为得到丰容物而导致动物间的攻击行为等内容。所有丰容项目均需要在进行前和进行时做好安全性评估，并及时调整。

如果可能，圈养动物的正常行为和自然行为应该作为设计和执行丰容计划的指南。每个动物园管理者应该给予员工足够的机会去实践关于圈养或野生动物种群行为研究的知识。

（二）丰容计划

丰容是指给动物的环境提供各种刺激，或改变环境本身，以增加动物的机体活动，刺激其认知，促进动物自然行为的工作。在这里，刺激是指可能引起动物兴趣、探索、辨识、认知和选择的内容，以一种安全的方式呈现给马来熊，为其在环境中创造更多的行为选择和行为表达机会。例如，可用多种方式提供食物，或是利用相同或不同物种的其他动物的存在或气味/声音作为刺激物；动物行为训练也应被认为是丰容的一个组成部分。同时，行为观察和行为研究也应纳入日常工作，以此评估丰容的成效。

必须强调的是，丰容远不止固定一个玩具在笼舍中，它是一个完整的且多变的项目设计，从而给动物更多的变化和选择。马来熊丰容计划的完整流程应包括以下要素：目标设定、方案的制定和审批、实施、文件/记录保存、评估和随后的程序改进。马来熊丰容计划应确保所有设施设备是足够安全的，包括食物的呈现方式也应安全且合理，并提供具有变化性的丰容日程安排表，以防马来熊形成习惯，适应变化，让刺激变得无效。每一个机构必须有丰容计划，以促进马来熊展现出更多恰当、自然的行为。丰容活动必须记录下来并进行评估，并根据评估结果对丰容项目进行改进。各项记录必须持续更新。

在制订马来熊的丰容计划时，应该首先调查清楚物种的生物学特性和自然需求、个体的历史及设施限制。例如，马来熊的树栖特征、最适应的温湿度、昼夜节律、最重要的感官特征、觅食特性、社群性等；个体历史则主要包括动物个体的年龄、性别、身体健康度、成长史（亲代抚养还是人工育幼）、对饲养员的反应等，这些因素都会影响动物个体面对各种丰容项目时的适应性、学习能力和安全性等。而设施限制既需要考虑场馆的整体设计，也要考虑设施材料的耐久性、安全程度、连接方式等。

马来熊丰容计划应该与兽医护理、营养管理和动物正强化训练计划相结合，最大限度地提高动物护理的效率和质量。应有一名管理人员负责监督、实施、评估和协调部门间的工作计划。

（三）丰容效果评估

无论是使用天然物或人造材料均可激发动物的一系列正常行为（探索、挖掘、攀爬等）。成年熊除了北极熊外均比较容易在几天之内对一些丰容物品失去兴趣。食物丰容在丰容中具有特别重要的意义，因为它可有效刺激动物的感官，激发它们的探索和操控欲。同样也因为食物丰容的易于开展，提供新的食物丰容可以直接引起动物活动水平的改变，但是这种效果持续的时间往往不超过 1～3d。因此，以怎样的频率来变更丰容，是保证丰容效果的重要因素之一。与此同时，一些旧的设施也可以通过修改从而让它们变得更复杂和有趣，通过添加一些物件、植被、设施等可以提高日常丰容的动态活力，提升丰容效果。将丰容效果评估融入日常饲养过程中，可以帮助饲养者更客观地了解各种新旧丰容设施对动物是否仍具有刺激作用，以确定丰容物的更换频率，帮助制定更有效的丰容日程表。

以是否实现丰容目标来评估丰容效果是最有效的方式。以增加自然觅食行为为例，食物呈现方式的多样性，是否激发动物更多的探索行为，动物是否展示出攀爬、挖刨等觅食行为，觅食时间是否延长等，均可以作为评估指标。此外，食物丰容中所用的各种食物都应作为动物日粮的一部分，在使用一些较为特殊的丰容物，如蜂蜜、花生酱、果汁等时，也要对其是否符合动物个体的营养需求进行评估。

很多时候，一项丰容不但可以实现原有设定的目标，还能达到其他效果。例如，已有很多工作实例证实，食物丰容不但可以增加动物自然的觅食行为和觅食时间，还可有效减少动物一定的刻板行为。这是因为一些刻板行为是与喂食模式有关的。例如，把食物遗留在熊的笼舍外面，熊可以闻到气味但是却无法获得食物，在这种情况下刻板行为可能表达了熊对食物的期望或者是得不到食物的失望。这也是刻板行为与觅食行为之间关系的有力证据，但是只有设计好的试验才可以揭示刻板行为与喂食之间的关系。刻板行为也可能与动物的应激状态有关，如果食物丰容有效降低了动物之间的攻击状态，促进了动物个体各自觅食或和谐觅食，降低了一些动物个体的应激性，则也可能会降低其刻板行为。如上所述，刻板行为的减少同样也可以作为食物丰容效果评估的一项内容。这一点也说明，在评估丰容效果时，也要基于日常对动物行为足够细致的关注，充分发散思维，寻找丰容可能带来的各种综合效应。

对于已经开始的丰容项目，评估其有效性非常重要。评估可以通过对动物行为的科学观察和统计分析进行判断，这种评估方法需要专业的行为观察人员以及足够的观察时间，有时可以通过与高等院校合作或聘请专门的行为观察人员进行评估，但是因为资金问题很多动物园都做不到。大部分情况下都是饲养员和动物园自己的管理者去做评估，这要求动物园有专业的技术人员。因此，对于动物园来说，制定一些打分制的丰容评估表，可能更便于开展简单的评估。以迪士尼动物王国的一个简易的丰容评估表为例：

动物丰容效果评分等级量表

直接证据（饲养者观察并评估动物与丰容物的互动程度）

1＝动物主动远离/逃离丰容物

2＝动物似乎忽略了丰容物

3＝动物朝向/看到丰容物，但没有身体接触

4＝动物进行了短暂的接触，如鼻子的嗅探

5＝动物大量接触或反复接触丰容物

间接证据（饲养者无法观察）

1＝动物没有与丰容物互动的证据

3＝中等程度的互动证据

5＝明显互动的证据

（四）丰容设施和结构实例

1. 丰容材料

（1）自然材料

• 原木。可直接横放在运动场地上，必要时可一端用铁链固定；可直立预埋入土，做成蹭痒柱；也可搭成栖架等。

• 垫料。如干树叶、稻草、干草、刨花或木屑等。注意针叶树的树皮、刨花和木屑应该与阔叶落叶或树皮等材料混合，用自然光等无害方式消毒或驱虫处理。

• 河沙或沙石。如场地中有水塘，需慎重规划，因为大量的沙粒进入池中会造成排水管道严重堵塞。

• 大石块。

• 麻绳。

（2）人工材料

• PVC 管、PE 管。

• 大水泥管。

• 轮胎。最好不含钢丝内芯。

• 消防水带。可编织各种吊床等。

• 硬质塑料桶。

• 铁链。

• 硬纸板箱。

• 蹦极绳。带弹性的连接绳。

植被　笼舍周边的原木栏可以覆盖 10～20cm 的泥土，这样可以种植草或者一些其他植被。即使在不足 150m² 的场地也可以种植，不过偶尔需要进行补种。可以沿着周边墙体、原木桩或者大的树根甚至灌木丛种植。如野生的蔷薇等开花植物，可以在一年四季历经生长开花结果，呈现不同的季节变化。在选择植被时要避免使用有毒有害植物。

结构物　对于小的、旧的笼舍其功能必须考虑详尽，在设计或修改它们的形状、位置和规模时要仔细考虑。结构和材料的整合非常重要，比如提供湿润的树皮作为垫料可以增加夏季阴凉地方的冷却特性。马来熊在冷天会花很少的时间在室外，所以要提供更多保暖场所以增加它们在室外的活动时间。针对马来熊个体还要做到远离干扰或者骚扰，给予营巢区，避免种群之间的威胁；与其他个体建立友好的、亲密的关系（最大限度地让马来熊感觉放松和安全）。

木质结构和攀爬架的使用年限非常有限，应及时检查更新。直立的树桩最好不要做永久性固定，可以在地下做金属预埋构件，然后将木桩固定在金属构件上。这样一方面可以避免木材在地面以下的部分腐烂而不被查知，另一方面便于木材的定期更换。

注意 出于安全性考虑，一些设施特别是一些垂直的设施应该远离笼舍进行固定，如树与最近的围栏或者墙体的距离至少4m。

熊会在几天到一周的时间里把树桩上的树皮撕掉，树桩会变得非常光滑，所以一些体重较重的熊只能靠缠绕的绳索来攀爬。对于成年熊来说，应考虑丰容用的坚硬材料的放置位点，避免在垂直的树桩周围放置坚硬石块而对熊造成伤害等情况的发生。老龄的熊攀爬陡峭的绳索结构或者垂直的木桩会有困难，年幼的熊攀爬这些设施摔下的概率也相对较高，应引起注意。可以先将食物固定在一定高度来促使熊站立、跳起或踩上石块等以拿到食物，然后不断调整食物高度来鼓励熊攀爬丰容物。

丰容材料的选择参见表2-14。

表2-14 丰容材料的选择

结构物功能要点	材料/组合
创造不同的小气候：晴朗、干燥和寒冷天气的防风设施；炎热天气下的阴凉开放环境	绿植栽种，大的树根；大号水泥排水管作为洞穴；岩石；带洞的岩石；大树遮阴；水池；泥浴坑
提供可供躲避的遮蔽场所，如当马来熊面对同种动物或游客而感觉不安全的时候	栽植绿植隔障；制作位于高处的金属筐作为巢点；水平的原木桩；较高的栖架；岩石组合作为遮蔽物；长的、水平放置的原木和树桩
设置障碍减缓同种个体之间的攻击；给体弱的或者是新加入的成员提供更多逃生机会	参考上一条；结构较为复杂的攀爬架设置至少两个出口；利用水泥管或隔障门等设置一些通路，设置口径小的通道
给幼崽和所有年龄段的马来熊提供攀爬机会	高低搭配合理的岩石；带斜坡的攀爬结构，并设置至少两个出口；栖架高处可连接巢点
食物的藏匿处	可以被动物移动的树枝、落叶、岩石、原木（以链条拴住一端）等材料；在栖架高处放置和悬挂食物
气味丰容的涂抹处，如其他动物的粪便、香味剂等	可涂抹在围栏、原木、岩石、栖架、树木等处

2. 丰容实例 新的丰容形式可以展现创造性和创新性，可根据地域、材料费用、丰容物品和食物来选择。廉价的方案更实用，因为动物在使用丰容物

品进行探索的时候非常容易将其破坏。每一种新的丰容物品和食物都会刺激动物的探索性和开发性。

地面垫料和巢材的选择要适合熊科动物，稻草是优先选择的垫料。可提供木质的休息平台或者金属制的巢筐。

休息平台或者休息用的巢筐不要少于一个，可提供长的原木或者休息树穴。设施内径应大于马来熊的体长与肩高，供其找到一个舒服的姿势休息。如果预算和室内空间允许，休息用的巢筐最好高于地面 2m，这样可以方便清洁。如果平台/巢筐高于地面 1m，用原木作为攀爬过渡很有必要，可以固定在地面和休息区域之间。要详尽考虑这些设施的设置，休息区应设置得比较容易接近和利用，平台也可以做成台阶型。

笼舍里面要提供可供幼崽或者亚成体玩耍的场地，如绳索、结实的木桩、悬挂的有伸缩性的桶、可灵活伸缩的攀爬架等，这些可以增加马来熊的有效利用空间。

老年马来熊休息平台的高度不要超过 1m，一般应为 10～20cm。有些马来熊可能连这样的高度都无法攀爬，对这类马来熊提供放置在地面的平台即可。

每天丰容应该作为日常饲养管理中不可分割的一部分。日常丰容只有在频繁更换丰容物时才可以起到较好效果。

注意　丰容物不能堵塞排水管道，熊最喜欢的一种玩耍方式就是在墙上的洞内寻找东西。在选择一些体积大的、可移动的丰容物时要注意避免丰容物伤到马来熊自身或其他动物。

(1) 延长采食、觅食行为的丰容　喂食技巧结合更多环境丰容可使动物展现更接近自然的采食方式。例如：

- 水池里面偶尔放一些活鱼。
- 将多叶的树枝或者小的针叶树悬挂起来，或放在栖架高处。
- 在夏季/秋季放置带果实的树枝如龙眼或者杧果（也适合老龄动物）。
- 冰块里的冷冻食物。
- 胡萝卜或其他植物根茎用蔬菜叶包裹后藏在树皮、稻草、泥土内。
- 成堆的树枝，里面散放一些坚果、葡萄干或者小型水果。
- 原木进行钻孔后灌入蜂蜜，同时提供适当的短小树枝供熊蘸取蜂蜜。
- 垂直悬挂的、打孔的 PE 管，里面藏有葡萄干等，摇晃可让食物掉出。

注意　使用食物丰容的时候要考虑年老的动物可能需要更长时间去处理丰容食物。

(2) 励探索和玩耍行为的丰容　每一件新的物品都可以激发马来熊的探索行为。

- 大型塑料罐头，桶、管道或者交通路标。
- 树枝或者细枝叶。
- 原木。
- 绳索。
- 大的、坚固的球。
- 沉重耐用的玩具。
- 大的捕鱼木筏。

所有种类的幼年熊、亚成体、青年熊和成年熊相似，除了塑料制品，丰容物都应该小一些。

（3）刺激嗅觉和摩擦行为的丰容　材料和物品发挥作用的程度与动物的年龄和性别有关。马来熊对材料和物品的反应在繁殖季节会比其他时候要强烈。

- 在地面或者是高架结构上放置不同的香味物品（药味或者香水味）来刺激马来熊的嗅探行为。
- 让丰容物品隐藏、滚动或者可摩擦。
- 平台上放置大的钢管，钢管中放置针叶树（直径 200～300mm、长 5～7m），供马来熊去枝、去皮或者摩擦（特别是在春季）。
- 松香或者杉木的油抹在树干、地面刺激马来熊摩擦。
- 气味可以作为马来熊找到隐藏食物的重要线索。

（4）食物丰容　传统的投喂模式不利于马来熊表达自然的觅食行为，而食物丰容可以促进马来熊自然行为的表达。以下是刺激马来熊觅食的丰容建议：

- 在笼舍内放置带叶树枝，将树枝竖起并固定。
- 放置食物和垫料的桶（去除把手）。
- 带孔的圆木内填满面包虫或蟋蟀，用短枝或木塞塞住（如果展区里有水池，圆木需要固定在地面、攀爬架或围栏上）。
- 将管竖直地插入地面，将葡萄干藏在其中。
- 将食物挂在不同高度，或将食物和重量相当的圆木悬挂在绳子的两边，使马来熊需要付出努力才能获得。
- 夏季将苹果散布到水塘里。
- 牛或马的骨头、兽皮、草皮。
- 在较高的树干上钻孔并塞满食物，使马来熊需要攀爬才能觅食。
- 放置朽木供马来熊扒挖。
- 整个椰子或将椰子钻洞，洞内填满"蚂蚁大餐"或虫子，可以让马来熊吮吸采食。

使用食物丰容时，要考虑年老的动物通常需要更多时间去学习和适应一种新方式。

为了丰富马来熊的觅食行为，促进马来熊的康复，可在马来熊治疗或康复期提供富含糖、淀粉、蛋白质和脂肪的食物。这种食物包括：

- 偶尔提供牛油果，因为牛油果脂肪含量高。
- 整只椰子，让马来熊自己处理。
- 水果、面包或三明治。
- 蜂窝。
- 甘蔗。
- 琼脂里面可以加蜂蜜，也可以加鱼，或者其他任何食物。
- 干枣、无花果干、葡萄干、杏干。
- 各种可以买到的坚果，最好是去壳的。
- 朽木。
- 可嚼食的植物。

七、操作

（一）个体识别与雌雄鉴定

1. 个体识别　个体识别是圈养动物饲养管理中一项非常重要的基础性工作。只有在完成个体识别后，个体的档案和谱系工作才能落到实处，最终实现对圈养种群持续、有效和统筹管理。目前，国际上对动物个体进行识别的方法有多种，常用的个体识别方法有刺纹标记、芯片标识和分子标记三大类。

（1）刺纹标记　是利用特制的刺纹器具，将动物的谱系号或相关个体信息用文身的方法永久地标记在动物身体的某一部位，以便标识动物。刺纹部位应易于刺纹并且比较隐秘，不易脱落和消失，且终生有效。目前，对马来熊进行刺纹比较理想的部位是腹股沟内侧和口腔下嘴唇内侧皮肤。但是，由于此标记方法存在一定的局限性，建议最好不用。

操作程序如下：

①首先调节文身器针头穿刺的深度。

②麻醉马来熊后，按一般手术操作规程对选定部位剃毛和消毒。

③在确定该马来熊谱系号后，握紧文身器，在黑盒中蘸取适量刺纹液（墨汁或墨水），开始刺纹；穿刺应垂直皮肤，刺纹深度应以刺透皮肤为准，不要伤及皮下组织；为确保刺纹的安全性，一般选择在马来熊的腹股沟内侧皮肤和口腔下嘴唇内侧皮肤同时刺纹。

④刺纹过程中，应观察刺纹是否清晰，字的大小是否合适。马来熊的谱系号一般由3个数字组成，没有重叠，具有唯一性。每个数字的刺纹大小不要小于20mm，数字间间距要大于6mm。

⑤在检查刺纹编码时，如果发现编码不清晰，可在原刺纹处用同样编码号再刺一次，以保证编码的有效性。

（2）芯片标识　根据马来熊的解剖结构和行为学特点，目前比较适用电子芯片标识的方法。电子芯片标识可单独使用或与其他标识方法相互配合使用。

动物的电子标识芯片是用来标识动物属性的一种具有信息存储和处理能力的射频标识。根据不同的用途，可以分为植入型、耳挂型、留胃型和脚环型等。对于马来熊等食肉目动物，因为其四肢灵活和生活特性，耳挂型、脚环型等佩戴性挂牌往往会被动物自己取下或由同伴取下，所以常采用植入型芯片标识。由于芯片一直处于潜伏状态，只有用脉冲转发器的阅读装置或扫描装置才能激发，因此其使用寿命很长。

根据国家林业和草原局全国野生动植物研究与发展中心主编的《活体野生动物植入式芯片标记技术规程（试行）》，主要的操作程序包括：①确定需要标记的数量，申领活体野生动物植入式芯片及阅读器等标记所需物品；②建立标记工作组，确定现场指导员、标记员、记录员、兽医、DNA采样员、保定员和协助人员等；③准备好标记所需的各种药品、消毒材料、标记工具、保定工具、测量工具、记录工具等；④需要化学保定的动物个体需要在标记前一天开始禁食并观察其健康状况；⑤确定保定成功后，检查动物身体的标记部位，马来熊的标记部位一般在颈部左下侧，毛层较厚的情况下可以视情况剪掉部分毛发；⑥扫描标记部位，确定无芯片后严格消毒注射点部位；⑦扫描密闭的注射器针头，阅读芯片代码，打开包装，取出注射器，将针头注射入动物皮肤；⑧扫描芯片植入部位，确认其处于适用位置；⑨揭下注射器外包装上的标记代码和条形码，粘贴于"活体标记野生动物个体信息表"的相应位置，并在该表上准确填写和记录标记动物个体的基本信息。

根据国家林业和草原局要求，重点保护动物的转移都需要芯片标识，因此不论是个体差异鲜明的动物（如北极熊、黑熊），还是个体差异不明显的动物（如马来熊、懒熊），在个体识别中都需要采用芯片标识法。标识前需要通过训练将动物转移至挤压笼进行保定，或配合兽医治疗时进行标识，尽量避免对动物进行麻醉或化学保定处理。操作由主管兽医完成，标识部位尽量选择方便操作和日后方便扫描的位置，通常在颈部左下侧，也可因实际情况而定，但必须记录清楚。标记完成后需要用扫描装置进行核实，并对动物伤口进行消毒和止血、并封闭创口。

（3）分子标记　科研或司法鉴定上可能会使用分子标记方法。分子标记是基于 DNA 多态性的标记法。微卫星（STR）分子标记和单核苷酸多态（SNP）分子标记是常用的分子标识方法，微卫星与核苷酸分子标记是利用个体基因组微卫星 DNA 长度多态性，识别个体和分析亲缘关系。一般饲养单位采集每只动物个体的血液或其他无损样本，由专业机构来完成 DNA 的提取和微卫星分型，通过比较不同位点的遗传信息，建立个体遗传学档案或编码，以区别不同动物个体。

①血液样品的采集与保存　用 5mL 医用注射器从马来熊体内抽取 2～4mL 血液，立即将血液转移至加入抗凝剂 EDTA 的真空采血管；②将采血管编号，记录血样的详细信息，如个体的名称、谱系号、年龄、性别及个体间的亲缘关系等；③将处理的每个血样分别放入密封袋中，编号登记后，分开保存，避免互相污染。可在 0℃下保存数天，一般不超过 3d，最好将血样立即放入－20℃冰箱长期保存。

②皮张样品采集和保存　在马来熊的大腿内侧剪毛后，经常规消毒，利用无菌刀片从个体皮肤上采集适量的皮肤样品（0.5mm×0.5mm），放入存有组织培养液的采样管中，并在采样管上记录样品的来源、性别、动物名称、谱系号、采样时间等。然后在液氮中冷却保存。

DNA 的提取和微卫星分析由有条件的专业机构来完成，完成后提供遗传档案，并建立个体遗传学档案或编码。

2. 雌雄鉴定　从外形上难以鉴定 1 岁以内马来熊的性别，通常根据外露生殖器官的形态和刺激幼崽排尿的方式鉴定性别，如是人工育幼个体可以通过翻查生殖器来鉴定初生幼崽的性别。雌性马来熊阴门下方的圆形隆起和雄性马来熊包皮的外形相似，雌性的上方为一浅纵沟，至阴门处有一切口，呈 Λ 形，而雄性则在中间是一开口，呈 O 形。另外，外生殖器开口至肛门的距离也有较明显的差别，雌性会阴部的隆起至肛门间距较短，而雄性尿道口至肛门间距相对较长，雌性的间距约为雄性的 1/2。其次，将幼崽仰躺，与地面呈 45°角后，人工刺激幼崽排尿，雌性所排尿液会沿着皮肤顺着会阴流向肛门。而雄性所排尿液会呈直射状，而不顺着皮肤流淌。对于 2 月龄马来熊幼崽可直接检查外生殖器，其方法是以拇指和食指轻轻捏住外阴部，下为圆柱体者为雄性，开口呈 Λ 形，且裂缝与肛门距离近者为雌性；亚成体和成年马来熊区分性别，可依据马来熊的外生殖器加以区分；对于自然哺育的个体，可以采集其毛发或粪便样本，通过 SRY 基因序列来鉴定其性别。鉴定样本采集与保存方法同分子标记部分的介绍，应由有条件的专业机构来完成，完成后提供相关信息，并建立个体档案或编码。

（二）马来熊的日常饲养操作

1. 安全检查 饲养员上班后首先观察马来熊，清点数量。查看马来熊的精神状态、活动情况、饲料剩余及排泄物情况，以及设备设施是否完好等，发现问题及时汇报。

2. 清扫兽舍 将马来熊隔离到兽舍或运动场后进行清扫，去除剩料、排泄物等，冲刷附着物。换水和添加树叶或水果后离开，注意关门上锁。

3. 配制饲料 按照马来熊日粮种类和数量要求准备，清洗（0.1％高锰酸钾浸泡15min）并用清水漂洗水果蔬菜。检查树叶、水果等食物是否发霉变质，是否含有异物，要保证质量。

4. 投喂饲料 除蔬菜、树叶外尽可能分散投喂精饲料和水果，保证每只马来熊的供给量稳定，避免马来熊间出现抢食打斗现象。饲料每天投喂3次以上，树叶、蔬菜按照"少量多次"的原则进行投喂，避免浪费。

5. 职守巡视 清扫、饲喂完毕后应观察马来熊的采食后的情况，劝阻游客不良的参观行为。

6. 记录日志 每天将饲养情况以及马来熊的情况记录在册，以便在出现异常情况时追溯原因。记录完成后检查门锁并确认安全，然后方可离开。

7. 卫生消毒要求 笼舍内每天上午进行一次卫生清洁，做到清洁干净、无粪渣和异物、下水道无异味。每天下午在马来熊收回后清扫运动场，做到无杂物和陈旧粪便。

夏季每周消毒一次笼舍，冬季每两周消毒一次，做到消毒到位，不留死角。特殊情况可增加消毒次数。饮水器皿每周消毒一次，春、秋季疾病高发季节应进行周围环境的全面消毒。

常用消毒液为洗消液（84消毒液，以次氯酸钠为主的高效消毒剂），按照0.5％的比例配比。将配好的消毒液均匀地喷洒在笼舍内的每个部位（喷药前先清扫干净），20min后用清水冲洗干净，不能遗漏消毒液。

（三）马来熊的捕捉和保定

一般来说，如果使用合适的化学保定或麻醉药物，熊科动物较少在麻醉（化学保定）期间出现并发症，在野外进行化学保定之前往往通过陷阱或者暗沟进行物理保定。物理保定会导致熊应激、血液黏稠、机体损伤等现象，总之在每次物理保定之后都要进行细致的体格检查，确保有无因保定而造成的伤害。熊科动物本身在麻醉期间容易出现呕吐或者食物返流，所以要避免刚采食完就立即进行麻醉。不管进行物理保定还是化学保定，人身安全是第一位的，兽医对于自己将要进行保定的物种要有清楚的认识，一些散放混养的场馆要特别留意与马来熊一起混养的熊类或其他物种的动物，这些动物可能对麻醉的马来熊或进行保定操作的人员造成不同程度的伤害。

1. 物理保定　对于圈养马来熊，物理保定存在一定难度，一些机构出现过物理保护马来熊造成同笼舍其他马来熊应激死亡的现象。科学设计自动捕捉笼，配合日常的行为训练，可以避免这一现象的发生。部分圈养马来熊，通过日常行为训练、特殊的医疗行为训练等可以将马来熊安全引入捕捉笼，但是在此过程中，如何保证操作人员安全，要结合特定场地情况综合考虑。

2. 化学保定　熊科动物化学保定方面的文献资料较多集中在北极熊、黑熊、棕熊等种类，而关于马来熊方面的文献资料较少。采用最多的是赛拉嗪＋替来他明＋唑拉西泮、美托咪定＋替来他明＋唑拉西泮、口服卡芬太尼等麻醉药物对熊科动物进行麻醉。国内动物园马来熊麻醉参考方案见表 2-15。

表 2-15　马来熊麻醉方案

麻醉药物	麻醉剂量（mg/kg）	颉颃剂
氯胺酮＋美托咪定	2~4mg/kg＋0.03~0.08gm/kg，肌内注射	阿替美唑 0.1~0.4mg/kg，肌内注射
氯胺酮＋赛拉嗪	6~8mg/kg＋0.8~0.9gm/kg，肌内注射	育亨宾碱 0.125mg/kg，静脉注射或肌内注射
舒泰	3.5~5.5mg/kg，肌内注射	无
舒泰＋美托咪定	2~2.5mg/kg＋0.02~0.025mg/kg，肌内注射	阿替美唑 0.06~0.125mg/kg，肌内注射

针对熊科动物的麻醉方法主要有：

（1）眠乃宁　是二甲苯胺噻嗪（xylazine）和盐酸二氢埃托啡（DHE）经优选配比组成的复方麻醉剂。按每 100kg 动物体重 1.5~3.0mL 使用。眠乃宁对熊科动物会出现明显的呼吸抑制作用，其中对棕熊的呼吸抑制最严重，其次是马来熊、黑熊。可肌内注射适量的尼可刹米以兴奋呼吸中枢，同时给氧，监测动物的心血管情况。

（2）保定宁　保定Ⅰ号每毫升含噻芬太尼草酸盐 1.5mg、盐酸氯丙嗪 20mg；保定Ⅱ号每毫升含噻芬太尼草酸盐 1.5mg、隆朋 15mg。早期采用这些麻醉药物来进行马来熊的麻醉，麻醉过程中熊呼吸抑制明显，苏醒期极易出现呕吐等现象，对马来熊和人来说都存在不安全因素，现已较少使用，且这些麻醉（化学保定）药基本停产。

（3）舒泰 50（替来他明＋唑拉西泮）＋盐酸右美托咪啶注射液　右美托咪啶和舒泰 50 按 1∶1 混合使用，0.04ml/kg 肌内注射。该种药物组合是目前马来熊串笼、移动等情况下使用最多也最安全的药物组合麻醉方法，深度麻醉，可以进行大型外科手术、深度机体检查等，同时因为有颉颃剂，动物苏醒期可控，没有明显的复睡现象，很大程度保证了马来熊和操作人员的安全。单独使用舒泰 50 时，马来熊在苏醒期有明显的甩头等共济失调症状，这是替来他明引起的典型副作用，一般几分钟后会恢复正常。

3. 化学保定　对马来熊进行化学保定时应注意以下事项。

（1）人员安全　对马来熊进行化学保定或麻醉时，应特别注意操作人员的安全。麻醉深度的评估需要专业的临床兽医执行。一般来说，药物注射后 20min 进行第一次麻醉深度评估，通过动物的行为状态、呼吸频率、眼睑反射、肛门反射、痛觉刺激等多种指标进行麻醉深度评估，确定可以入笼操作后，应垫高马来熊头部，保持其呼吸道畅通，尽可能监测其血氧饱和度等生命指征，然后进行后续操作。

（2）马来熊的麻醉监护　熊科动物麻醉关键在于做好麻醉监护，特别是呼吸系统、心血管系统的监护等，可以采用生命监护仪等综合监护设备进行监测，也可以采用分体的单项监护仪器监测。

①心血管系统监护　监测心率、脉搏、血压、血氧饱和度等，防止出现心动过缓，如心率低于 50 次/min，要及时使用颉颃剂或急救措施。血压可以通过股动脉测量。

②呼吸系统监护　当血氧饱和度低于 85％，提示血氧不足，要及时加大供氧力度。

③体温监测　麻醉过程中密切监视直肠温度变化，特别是在炎热环境中进行麻醉或化学保定时，如直肠温度超过 41℃，则要采取紧急降温措施。

④支持性护理　麻醉期间及时涂抹眼睛保护剂可避免马来熊角膜损伤或溃疡，使用眼罩可以有效减少麻醉期间光线等对眼睛的刺激。麻醉期间抬高马来熊头部，增大氧气通气量，可有效降低马来熊因呕吐、返流等引发的吸入性肺炎。

（3）马来熊的苏醒　及时给予颉颃药物后，观察马来熊苏醒期的状态同样非常重要。首先，观察马来熊呼吸频率的变化是否异常，其次观察是否有呕吐现象出现，给予一定量的阿托品可以缓解呕吐现象。观察马来熊苏醒期共济失调持续的时间，是否有复睡现象，必要情况下二次注射特效颉颃药。

（四）马来熊的运输

1. 运输笼箱设计　建造动物运输笼箱时，必须考虑动物的正常习性和活动的自由。对于普通运输，动物装载在封闭的笼箱里，笼箱必须构造良好，能够经受得住运输耗损或运输导致的结构变形或扭曲。笼箱必须足够坚固以防止动物通过裂缝和接合处逃逸。某些动物由于体形和体重原因要加固笼箱，其他一些动物由于其破坏力大则需要加内衬或金属箱壁。笼箱必须由无毒材质建造，化学浸渍材料可能有毒，绝对不能使用。笼箱必须适合动物一直待在里面并保护动物免受打扰。笼箱不能引起动物的自我伤害，里面的所有边角必须圆滑，没有尖锐的突起物，如钉子会扎伤动物。木质笼箱必须要有连接头才不会因动物在里面抓咬而损坏。笼箱必须干净密封，如果再次使用，必须彻底消毒或灭菌。承运者必须提供适合动物的吸水垫，且由于很多国家的限制规定，所以笼箱不能垫稻草。笼箱必须易于人员操作并且保护饲养员不被动物抓咬。笼箱设计必须包含间隔设施，因为其既可在移动笼箱时用作手柄，又可防止运输时通风孔被堵塞。如果需要叉车隔垫，则至少要 5cm 厚。计量笼箱尺寸时必须防止超高。笼箱必须完全满足动物安全和福利的需要，参照 IATA 标准正确标记。就野生动物而言，要考虑使用单一入口和出口的笼箱装卸动物。

（1）尺寸和载兽量　尺寸的定义包括长、宽、高。根据规定，笼箱尺寸必须与动物的实际大小相联系。必须允许动物在笼箱内能自然站立、转身和躺下。特殊动物使用特殊笼箱。

（2）通风　笼箱必须至少三面通风，多数通风由笼箱顶部供给。特殊动物的笼箱通风另有要求。通风孔必须细小，足以防止动物逃逸或者动物的部分身体从笼箱内伸出。

（3）喂饲和饮水　必须提供分开的食槽和水槽，两者固定在笼箱内或黏附在笼箱上以便于补给，且食槽和水槽必须是圆边并用适合动物的无毒材质制作。托运时，托运人必须提供书面的喂饲和饮水操作指南，且指南必须粘贴在笼箱上，指南副本必须附在货运单上。任何供食、供水必须记录于指南内，注明供给的日期和时间。托运人必须提供动物食物，并要核查食物不能违反国家运输或进口的规定。动物源性食品如肉或含肉食品不能放在笼箱内。

（4）标签和记号　笼箱必须正确标记收货人姓名、地址和电话号码。标签不能阻挡通风孔，尤其是小笼箱。

2. 国际航空运输协会（IATA）活体动物运输一般规定

（1）特定无菌（SPF）动物　当动物在 SPF 条件下运载，托运人应遵从所有的特殊笼箱要求，须进行测量以维持笼箱内的通风率。

（2）特别护理　大部分未经训练的动物会被触摸、移动、光线和响声惊扰。这会引起动物明显应激并损害其健康和福利。

（3）镇静　一般来说，不提倡使用镇静剂运送活体动物，必须使用镇静剂时，必须在有力的监管下给药。镇静剂的名称、给药时间和途径必须清晰标记在笼箱上，记录副本必须随附相关的运输资料。如需使用其他药物，则必须记录药物的名称、给药时间和途径。

（4）重要说明　IATA 规定了空运笼箱的最低条件，其中描述的笼箱建造基本原则并未考虑任何空运适应性要求。空运笼箱必须遵从 IATA 的要求。隔门尺寸和飞机容量这些因素决定了活体动物托运的可接受性，因此在决定使用何种尺寸的笼箱时就必须考虑笼箱的基本设计原理。许多动物被列入《濒危野生动植物种国际贸易公约》（CITES）目录，办理托运时所有关于 CITES 的资料应完备，且要符合 IATA 的规定，同时也要符合当地政府的法律规定。除上述一般要求以外，对于特殊动物必须查询并遵守相关规定。对动物进行装箱时应按照 IATA 的标准执行。

要点 1　熊科动物和熊狸的装运笼箱不需要限制其转身，但应提供可舒适趴卧、躺卧的空间，周围必须有至少 10cm（4in）的空隙。

要点 2　须提供兽医证明（动物检疫证明），以表明托运的动物适宜用允许其转身的笼箱托运，笼箱本身也适用于托运该动物。

（5）通风　通风孔必须在高处，可以提供各级直流通风，尤其在动物躺卧时。外部网状通风孔最小直径为 2.5cm，要置于笼箱两侧、入口和顶部。

（6）间隔条/手柄　笼箱外壁的空间间隔（如间隔条）以方便搬运，同时可有效防止通风口被其他货物阻塞。除间隔条外，还可以安装搬运用把手。

（7）喂食和喂水容器　食物和饮水容器必须固定在笼箱前部的地板上，防止污染。必须设置外部安全通道用于紧急情况。

（8）特殊要求　熊和其他爪子强壮有力的动物必须用全铁皮衬板或金属薄片的笼箱且笼箱应有通风孔。

（9）叉车垫片　如果笼箱加动物总重量超过 60kg，必须设置叉车垫片。

（10）多功能笼箱　当一个笼箱装载不止一只动物时，需要将上述要求中设施构件和材料强度相应加倍。笼箱可以用金属格栅分成数个隔间，每个间隔必须有单独的入口。

（11）运送前准备　动物运输前 2～3d 必须节食。运输前喂便餐，万一出现紧急情况必须喂食。为防止动物产生攻击性，必须将其置于黑暗笼箱以避免周围环境的刺激。

（12）喂食与饮水指南（仅适用于紧急情况） 开始运输后 24h 内，动物通常不需要喂食或饮水。如果由于时间延误需要喂食或饮水，每天喂一次，傍晚喂更好，按活畜体重每 20kg 喂 1kg 肉。

（13）一般要求 用笼箱装运的动物最好在黑暗或半黑暗环境中。运输马来熊的笼箱如图 2-9 所示。

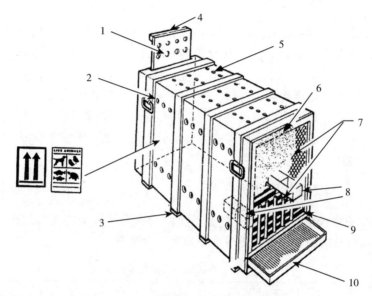

图 2-9 马来熊运输笼箱示意
1. 上下通风孔 2. 遮光罩通风孔 3. 叉车垫片 4. 进/出滑门（水平/垂直）
5. 通风孔 6. 带通风口的木质百叶窗 7. 焊接钢网或插入 7.5cm 铁条
8. 可拆卸的食槽和水槽，一端设有给食给水口 9. 格栅地板（尿液可漏下） 10. 粪便托盘

具体要求：

①框架 框架必须用实木或金属螺栓制造，两者拧接而成。框架内侧要留 2.5cm 深的空间使空气流通。笼和动物总重量超过 60kg 或者动物具有攻击性时，框架必须要有额外的加固装置。

②侧壁 框架必须铺设胶合板或类似的材料，以使笼箱内部平滑牢固。

③地板 制成格栅形式的地板置于防渗托盘上面，这样所有排泄物会掉在托盘上。如果没有格栅地板，必须把地板密封并垫上充足的吸收材料以防止排泄物溢出。

④顶部 必须结实，有通风孔。

⑤门 必须提供滑动式的或者铰链式的进出门，前出口门必须用钢或铁条焊接。铁条间隔不能让动物的腿穿过。笼箱前部必须有可滑动的木质百叶窗，

上面有孔径 10cm 的通风孔或在百叶窗上面 2/3 处的板条做成 7cm×7cm 的板格孔，目的是为了减少对动物的惊扰和保护搬运者。所有门必须用螺丝或螺栓钉牢以防止意外打开。

八、健康管理

圈养熊的疾病种类较多，美国 50 个圈养马来熊机构对 512 只成年马来熊的发病情况进行统计，其中外伤比例为 54/512，消化道疾病比例为 45/512，眼科疾病比例为 17/512。此外还有一些皮肤疾病病例。国内圈养马来熊的疾病较多集中在消化道疾病、外伤、指甲内陷等。而皮肤病的病原主要集中在寄生虫或者真菌，肠道疾病主要有肿瘤、肠扭转、病原性肠炎、肠梗死等疾病。目前对马来熊可选择的疫苗种类尚未见报道，对于是否接种某些特定疫苗则应视情况而定。

（一）熊科动物常见疾病

1. 传染性疾病　表 2-16 是关于熊科动物常见传染性疾病的概况，这些疾病的诊断方法和其他圈养野生动物疾病的诊断方法一样。

表 2-16　熊科动物传染性疾病概况

疾病	病原	易感熊类	临床症状	应对策略
病毒性疾病				
伪狂犬	猪疱疹病毒 1 型	北极熊、黑熊、棕熊、马来熊	死亡、运动失调、富有攻击性	阿昔洛韦
西尼罗河病毒病	西尼罗河病毒	北极熊、黑熊	神经缺陷	免疫接种
马疱疹病毒病	马疱疹病毒 1型；马疱疹病毒 9 型	北极熊、黑熊	死亡、癫痫	对症支持疗法；消除传播媒介
狂犬病	狂犬病毒	北极熊、黑熊、马来熊	肢体麻痹、富有攻击性	免疫接种
犬传染性肝炎	犬腺病毒 1 型	黑熊、棕熊		无
犬瘟热	犬瘟热病毒	大熊猫、北极熊、眼镜熊和马来熊		免疫接种

（续）

疾病	病原	易感熊类	临床症状	应对策略
细菌性疾病				
耶尔森菌病	小肠结肠炎耶尔森菌	大熊猫	腹泻	灭鼠，头孢吡肟钠
李斯特菌病	李斯特菌	大熊猫、棕熊、马来熊	呕吐或发热、颈项强直	氨苄西林、红霉素
弯曲菌病	空肠弯曲杆菌	大熊猫	出血性肠炎	氨苄西林
嗜皮菌病	刚果嗜皮菌	北极熊	皮炎	四环素
大肠埃希菌病	出血性大肠埃希菌	马来熊、大熊猫等	出血性败血症、肠炎	头孢吡肟钠
真菌病				
芽生菌病	皮炎芽生菌	北极熊	胸膜炎及肺炎	伊曲康唑
念珠菌病	白色念珠菌	马来熊	肠炎	佛康唑
寄生虫病				
弓形虫病	刚地弓形虫	棕熊、马来熊	死亡、精神沉郁、厌食、腹泻	乙嘧啶和磺胺甲嘧啶
蛔虫病	贝氏蛔线虫	棕熊、马来熊、黑熊	消瘦、营养不良、呕吐、死亡	阿苯达唑

2. 寄生虫疾病　熊科动物可以感染的寄生虫种类较多，包括绦虫、吸虫、棘头虫和心丝虫等。也有通过虱子、跳蚤等叮咬而感染弓形虫、旋毛虫的报道。胃肠道的线虫感染在熊科动物很常见，如蛔虫感染引起的腹泻、食欲不振等；又如横走蛔线虫（*Baylisascaris transfuga*）感染可引起熊的肠梗死及恶病质，虽然可以用驱虫药物治疗，但是二次感染非常常见。日常的消毒和清洁并不能杀死蛔虫卵，虫卵在土壤环境中可以存活几年。还没有确切的马来熊感染犬心丝虫的临床病例，所以熊科动物是否可以作为恶丝虫类的适宜宿主还存在争议。熊科动物还可感染独有的蠕虫种类，如 *Dirofilariaursi*，这种寄生虫寄生在熊的皮下组织，一直以来被认为是非致病性虫种。近年来，熊的旋毛虫感染受到越来越多的关注，人类因食用生的或是未煮熟的熊肉而感染旋毛虫。熊的皮肤病主要由于寄生虫和真菌感染，出现脱毛症、皮炎等，在野外和圈养熊类均有发现。熊科动物感染螨虫很常见，会引起疥癣。疥癣导致熊出现脱毛、瘙痒、结痂、脓性皮肤炎、结痂后皮肤增厚等症状，采用注射伊维菌素或塞拉菌素结合双甲脒，喷雾或者浸泡给药效果较好。当病原对青霉素、四环素

出现耐药性时，采取局部治疗对控制感染是有效的。

3. 非传染性疾病

（1）脱毛症　圈养熊的脱毛症很常见，熊经常会出现脱毛、瘙痒、皮脂屑、部分皮肤增厚等季节性脱毛综合征，这种症状经常在雌性马来熊上发生。采集不同阶段病灶的组织样本进行组织病理学检查，可发现毛囊萎缩、毛囊纤维化，伴发严重的真菌感染，患皮肤炎的熊则出现肥大细胞、嗜酸性细胞、淋巴细胞的渗出液。脱毛症较难彻底治愈，因为会伴发严重的真菌感染和炎性渗出。遗传因素和长期的环境压力是造成该病的重要原因。

（2）爪部皮炎　所有熊科动物的脚垫部位经常会发生皮炎，且可蔓延至整个爪部，爪垫会出现干化并开裂，裂缝会导致很多杂物进入，如混凝土块、泥渣等。发生这种疾病的主要原因包括场地温暖潮湿、环境恶劣、清洗不彻底、使用不合格的垫料及外伤等。建议对马来熊进行行为训练，让其可以在无压力情况下伸出爪部，让兽医进行日常检查，早发现、早处理可以有效减少该病的发生。

（3）退行性关节病　圈养熊的寿命一般比较长，因此老年性疾病比较常见。在日常的动物体检中应关注退行性关节病、关节炎等老年性疾病，这对于提高圈养老年熊生活质量具有重要意义。圈养马来熊的寿命可达 30 岁，有些甚至可以超过 30 年，老年熊变得不活跃、睡眠时间增加、攀爬减少、活动减慢等，有些熊还出现肥胖等现象，会给关节造成压力。饮食结构调整和密切监视体重变化具有重要意义。有报道称两只同时出生的熊出现神经症状，采用磁共振成像（MRI）进行检查，发现其因脊髓压迫而出现共济失调、神经性瘫痪等症状，通过减少运动和使用类固醇类药物可以缓解症状，但这导致退行性关节病的出现对退行性关节病进行诊断和治疗的过程中要做好疼痛管理，没有哪种药物可以让动物不产生疼痛的。同时使用含有葡萄糖氨的药物如硫酸软骨素可以减少胶原蛋白的降解，对关节疾病有一定的作用。硫酸氨基葡萄糖是一种氨基酸单糖，可以供软骨再生，减少关节损伤，结合非固醇类药物，对于治疗关节疼痛有一定作用。也可以使用美洛昔康、塞来昔布、替泊沙林，但是要根据个体对药物的反应而定，剂量可以参考犬的使用剂量。曲马多或布托菲诺一直以来被当作替代可待因等药物用于减轻动物的剧烈疼痛。曲马多可以与非类固醇抗炎药或者类固醇等药物联合使用。加巴喷丁在控制马来熊慢性或者神经性疼痛方面也有较好效果。

（4）肿瘤　已有报道的圈养熊科动物肿瘤包括肝胆系统、肠道系统、皮肤系统肿瘤，和其他物种一样，形成肿瘤是多种致病因子综合作用的结果。形成肝胆系统肿瘤的原因主要有年龄因素、遗传因素、饮食结构等，这类肿瘤的起源于胆囊或者胆管，然后逐渐转移至网膜、胰腺、肝、肺，临床症状和临床病理也随着病灶的转移而发生变化，出现非特异性的体弱、精神沉郁、呕吐、持续的体重减轻等症状。体格检查、X线检查、超声波检查等提示肝肿大、腹部膨胀、腹水、黄疸等。肿瘤性疾病发展到后期往往预后不良。已经用于治疗熊肿瘤的方法主要有外科手术、化疗、放疗等，国外报道一只雌性成年马来熊患下颌鳞状细胞癌，及时进行下颌骨切除术，并进行后续的放射治疗，该熊恢复良好，且三年之内没有再复发；还有一只熊患膀胱上皮细胞癌，经过手术并口服罗昔康等药物进行治疗，效果良好。

（二）疫苗免疫

国内圈养熊科动物很少进行疫苗接种，必要时可接种灭活的狂犬病疫苗以及结核菌苗。马来熊接触犬科动物的机会较少，所以不建议马来熊日常接种狂犬病疫苗。最好进行病毒抗体滴度的监测和分析，监测马来熊接触传染源的情况以确定是否有必要进行疫苗接种。抗体的滴度检测可以通过日常体检或者血液常规检测来进行。

九、正强化行为训练

运用经典条件反射和操作性条件反射的动物训练方法已经超过一个世纪。俄国生理学家、心理学家、高级神经活动学说的创始人 Ivan Petrovich Pavlov（伊万·巴甫洛夫）证明了经典的条件反射是一种可以结合学习形成的反射方式。经典条件反射是指一个中性刺激开始时不会引发某特定反应，但通过不断与其他刺激配对，就会引发该反应。最为人熟知的案例就是"巴普洛夫的狗"，连续在铃铛声之后立即给犬喂食，犬就会开始将原本对它毫无意义的铃铛声与喂食联系起来。之后，这只犬只要再听到摇铃声便会流下口水。在动物训练中，经典条件反射通常用于建立桥。例如，在训练的最开始，首先就是要让动物学习将哨声、响片的"咔哒"声或"好"等词，与食物（有时还可能是获得其他丰容物、抚摸或鼓励）建立联系。再利用哨声、响片的"咔哒"声或"好"准确地在期望行为发生的一瞬间，进行行为标定，让动物理解哪个行为会得到后续的食物等奖励。

操作性条件反射就是利用行为的结果来改变该行为的发生和形式。强化和惩罚是操作性条件反射的两大核心内容。当一种行为带来良好的刺激，并以此增加该行为的频率时，正强化就发生了；当一种行为发生后，减弱了厌恶的刺激，同样增加该行为的频率，这时则为负强化；当一种行为发生后获得厌恶刺激时，正惩罚会减少这种行为的发生频率；当一种行为使有利的刺激消失时，这代表负惩罚在减少这种行为发生的频率。

我国动物园目前正在普遍利用正强化训练方式来促进饲养管理和兽医诊疗的便利性。动物园应制订相关的计划并执行，不应随意变更计划，且训练计划应以动物福利为根本出发点，涉及饲养管理、兽医和科研领域的操作程序。

熊在训练环节最开始时往往表现得最热情，这可能是训练新行为最有效的时段。当训练熊的一个新行为时，由一个训练员开展，可以确保动作的一致性（Ramirez，1999）。熊一旦学会了这种行为，最初的训练员就可以向其他饲养员传授这种指令和行为标准，让熊直接与新训练员合作，这样才能确保不同训练员的一致性，还可由训练组成员一起评估熊的行为反应（Ramirez，1999）。熊非常渴望食物，所以要小心防止熊在训练过程中变得过于好斗或疯狂。训练熊具有一定的危险性，如果进行亲密的身体接触（如在进行生殖器触诊或采血等），只能由有经验的人员尝试。最好让熊先吃完一部分食物后，再进行训练，这样它们不会太饿，可以更好地集中注意力。为了避免挫折感，每一个训练环节的时间不应过长（Vickery 和 Mason，2004），可设定在 20min 左右，也可根据熊的状态灵活调整。为了避免不同个体之间的竞争，以及由此产生的攻击性或从属个体的挫败感，应将饲养在一起的熊分开进行"一对一"的训练。如果饲养空间及训练环境和设施合理，每只熊面对一个训练员，则所有熊可以在同一环境下，同时参加训练；如进行和谐取食等群体训练，可逐渐随塑行计划减少训练员。如果训练员少于熊的个体数，可由训练员重点针对一只熊进行训练（通常会先从等级次序高的个体开始），再由一名饲养人员将其他个体引至馆舍另一边（尽量远离训练个体，减少干扰），并给予一些果蔬块或进行食物丰容。在训练其他个体时，不要忽视之前训练的熊，否则已经完成训练环节的马来熊也会产生攻击性。食物经常被用作主要的强化物。应从日常饲料中挑选一部分用于训练，以避免额外增加热量而导致动物体重增加。

（一）饲养管理训练的基础

在与马来熊的互动中，必须认真思考并遵守一些简单的指导原则。

1. 正强化　了解每只马来熊的优点是什么，以及促使它们达成目标的动机是什么，再进行正强化，如提供小块的食物奖励，以确保它们在与饲养员的互动中获益。不应使用负强化正惩罚，除非出现马来熊伤及自身、其他动物个体或工作人员的特殊情况。

2. 逐渐递进　训练流程应尽可能简单。如果试图同时达成多个目标，那么马来熊可能会对饲养员的意图产生困惑。应循序渐进地改变现有日常操作流程。要避免与负面因素产生关联，因为马来熊非常擅长躲避那些它们曾经遇到并认定为恐惧的事物。在训练每一个行为时，也应该循序渐进，必须制订每一项行为的塑行计划，做有准备的训练。

3. 耐心　保持耐心是非常重要的，马来熊更适应以一种休闲的状态慢慢行动，尽管它们也可以迅速并有目的地移动。催促马来熊很可能会适得其反，并会对饲养员造成不利影响。

4. 协作　饲养员和马来熊之间不应有任何竞争关系。任何欺骗或是戏弄马来熊的行为都应该避免。应该意识到，熊是非常聪明的动物，学习速度很快，这样才能保存已经开展的、试图获取动物信任的工作成果。所有正在开展的饲养员与马来熊的互动都是为了未来关系的建立。

5. 个体差异　每只马来熊都是独立的个体，应区别对待。如果不考虑个体差异，问题会很快出现。对一只马来熊的工作方法可能并不适用于另一只马来熊。对于饲养多个熊科物种的机构，不能以一种熊的训练模式作类推。

更多关于学习训练理论的材料，推荐参考张恩权、李晓阳、古远的《动物园野生动物行为管理》，Karen Pryor 的《别毙了那只狗》。

（二）在日常管理中运用训练

1. 召回　将熊限制在内舍可能会使其产生抵触性行为。为了清扫、维护室外展区，需要将熊招回内舍。此时，应认真考虑熊的序位问题。当一只熊进入内舍，另一只社群地位更高的熊会迅速尾随。因为在狭小的内舍中无处躲避或隐藏，从属地位的熊会变得很害怕，并且被更具优势的个体支配。当有这样的经历之后，这只从属个体下次再回内舍时，可能会先在外面滞留一段时间，即使最终它会进入内舍，但会回头观察，害怕来自后方的另一次攻击。对此，可能的解决方案是首先将社群地位更高的个体引入内舍。如果这一方案行不通，则可在一只熊进入内舍后将串门放低或关闭，用一种更放松的方式将不同个体分隔在单独的室内笼舍中。

2. 内舍的行为管理　当熊处于内舍时，最好将它们分开饲养。避免在清扫笼舍时，多只熊处在邻近的一个笼舍中，彼此挤在一起。拥挤会使个体感到不安和威胁，从而将这些感受与被限制在内舍的经历产生消极的联系。除极少数情况，熊在自然状态下都处于食物链的顶端，它们的内在需求就是彼此之间保持一定的安全距离，因为任何同物种间的冲突都可能危及生命。

当熊被关在各自的笼舍中时，应让它们有事可做，使待在内舍中不会成为不愉快的经历。熊喜欢营巢，应为熊提供它们感兴趣以及舒适柔软的巢材，至少应提供普通的小麦秸秆或稻草，帮助它们度过在室内的时间。熊进入内舍后的管理方式取决于计划让熊在里面待多久。有时，为了清洁游泳区会将熊关在内舍很长时间，或需要将熊关在室内过夜。如果将熊较长时间地关在内舍，则需要给它们提供丰富的食物，让熊花较长时间觅食，同时保证提供足量的食物，这样在熊吃饱后就会休息一段时间。可提供整只的兔子或鸡等食物。但如果只需短时间将熊关在室内，则不必如此，因为熊一旦吃饱，且还有剩余食物时，就不愿意再到外面去探索。饲养员必须进行合理的判断，来选择和确定管理措施。

3. 将熊外放　如果熊在内舍时得到了合适的照管，那么外放要做的就是将召回操作反向实施。应特别注意熊的群体管理。外放时，饲养员应确保每一只熊都离开了内舍，不会逗留在串门附近或是试图返回内舍（后者可能造成麻烦）。将食物适当地分散到远离串门的区域是一种有效的处理方法。如果外放会让从属地位的熊靠近首领，那么从属地位的熊可能不愿意离开笼舍，因此最好是将前者先外放出去。

让熊舔食蜂蜜（或其他食物）可以有效地鼓励熊移动到室外场地。同时，应只给走到室外场地的熊食物奖励，不要奖励已经外出又返回到内舍的熊。

内外舍之间的串道环境也应注意。串道应不存在任何可能造成串笼困难的因素。例如，如果串门上方有排水系统造成的滴水，或者熊必须穿过一片有水的环境，都会让熊不愿意离开干燥、温暖的室内笼舍。

4. 口服给药和疾病治疗问题　兽医治疗有时需要将熊麻醉，但多数情况都是口服给药。因此，在饲养员和熊之间建立良好关系非常重要。

因为熊具有极好的嗅觉，在食物喜好方面也存在较大的个体差异，所以在它们的食物中放置药物可能不会成功。例如，一只熊可能很快舔净面包上的鱼肝油，而另一只熊却会避开鱼肝油。甜食可以用来辅助给药，如抹蜂蜜的三明治可以夹药粉或磨碎的药片，蜂蜜和药水可以混合制成糖浆；还可以将药藏在新宰杀的兔或鸡体内。这些方法可以用于对熊进行常规的驱虫给药。

必须注意的是，任何疾病或外伤都可能对熊的行为和性情产生巨大影响。必须对熊行为上的变化给予足够的重视，并相应调整饲养管理方法。

5. 大型自然生态展区的管理　越来越多的熊被饲养在大面积、接近自然生态的展区中。给予熊足够的空间，会更容易营造多样化和复杂化的环境。但大展区也会给管理带来一些问题。例如，如果熊被展区中起伏的地形、灌木丛遮挡，则很难观察熊的健康状况。因此，需要通过发出信号，让熊自行出现，并对这一行为给予食物奖励，这可以很容易训练它们对一种声音做出回应。如果每次召唤熊都提供食物奖励，它们能很快学会将饲养员的召唤与食物奖励联系起来，并出现在饲养员面前（图 2-10）。

图 2-10　饲养员发出信号召唤动物

在大型展区中，饲养员有必要找到多个有利位点，确保每个位点都具有良好的观察视野，即使植物繁茂，也可以通过该位点观察熊的健康情况。当遇到恶劣的天气，或是冬季来临时，熊往往变得行动缓慢或不愿意走动，它们可能待在巢穴中，不愿回应饲养员的召唤。这时，就应该仔细评估并给予它们适当的食物，避免任何食物留在展区中，确保熊不会在夜晚出来觅食。短时间禁食不会对熊造成伤害，反而可以使它们重新回到管控状态。一些食物通常对熊具有足够的吸引力（蜂蜜、鸡肉等），即使是最"顽固"的熊都会迅速做出反应。也可以开发一种定期监测熊的方法，但应做到既不会干扰熊，也不会给饲养员带来危险。

6. 声音及身体姿势　有人认为熊特别危险，因为它们面部表情和肢体语言均较少，所以很难理解它们的情绪或意图。熊与熊之间，或是熊与饲养员之间可能最常展现的是威胁姿态，如大声地吸气和呼气，伴随低头姿势；上下点头，目光则一直固定在地面，并伴有咂嘴的动作。当熊觉得受到威胁时，也会发出咆哮声。一些物种会通过发出声音，警示对方自己的存在，但这是一种非攻击性的方式。休憩状态下的熊有时也会在其他熊或饲养员靠近时发出类似的声音，以非攻击性的方式显示自己的存在。

有时，行为和肢体语言的改变可能代表有其他问题存在。例如，饲养员发现一只熊突然无征兆地表现出攻击性。这种行为上的改变可能是因为熊发生疾病或受伤，而这些问题只有将熊麻醉并由兽医仔细检查后才可能明确。

总而言之，饲养员须始终关注熊和保持对熊行为的敏感性，不断学习解读熊的行为（这些行为都在指示着熊的情绪和意图），进而与熊更好地互动沟通，并提升饲养管理水平。

（三）动物园马来熊训练项目

• 目标定位，用鼻子触碰目标棒（也可在马来熊分神时，用于重新让它们集中精神）。

• 上/下，上到高处平台或下到地面。

• 召回，在夜间笼舍之间移动。

• 四爪展示，涂抹护手霜或施用喷雾等。

• 口腔检查。

• 前胸展示，使用听诊器。

• 肩部展示，并对针管和钝针头脱敏（肌内注射）。

• 腿部展示，并对针管和钝针头脱敏（皮下注射）。

• 外阴部展示，并使用棉签拭子采样。

• 眼部展示，对滴眼液脱敏。

• 生殖器展示，允许棉签拭子触碰（用于直肠温度测量）；睾丸触诊检查，接触阴茎/阴茎鞘。

• 耳部展示，并对棉签拭子脱敏；使用注射器对双耳进行治疗，以及可以用手揉搓双耳等。

• 牙齿检查，舌头和牙龈对压舌板按压脱敏。

此外，还应定期对不同物品进行脱敏，包括摄像机和支架（假的和真的支架），以及对麻醉枪/麻醉镖脱敏。脱敏方法为：在训练期间同时呈现这些物品（摆放在不同位置）。

（四）塑行计划示例

1. 目标定位

目标：让马来熊用鼻子触碰目标棒。

应用：训练人员可将马来熊定位于笼舍任何位置，或重新让马来熊集中精神。

塑行步骤：

（1）建立响片或哨声与食物之间的桥链接。按下响片或吹哨，然后给马来熊食物，2～4轮，每轮10～15次。

（2）将目标棒展示给马来熊，同时给口令"目标"，给桥（按响片或吹哨）

并进行食物强化，重复几次。应缓慢展示目标棒，并避免惊吓马来熊。

（3）如果马来熊出现惧怕、躲避目标棒，应首先对目标棒进行脱敏。将目标棒脱敏分为"可观察目标棒——允许目标棒逐渐靠近自己——允许目标棒接触自己"的渐进步骤。在第一次轻轻触碰目标棒的时候，给马来熊大奖励。

（4）如果马来熊没有出现惧怕、躲避目标棒的行为，给口令"目标"，同时用目标棒主动、轻触马来熊的鼻子，在触碰到鼻子的时刻，给桥并进行食物强化。

通常学习性强的马来熊会主动嗅闻目标棒，此时可直接跳至步骤（6）。如果马来熊出现抓目标棒的行为，不予强化。

（5）在马来熊可以接受目标棒触碰鼻子后，将目标棒侧向移开一定距离，给口令"目标"，在马来熊看向或头略偏向目标棒的时刻，给桥并强化。

（6）仍将目标棒侧向移开同样距离，给口令"目标"，在马来熊明显向目标棒转头或是主动用鼻子触碰目标棒的时刻，给桥并强化。

（7）将目标棒移动到不同方向、不同位置，让马来熊主动用头触碰目标棒。

（8）逐渐将目标棒移动到更远的位置，让马来熊通过更大的移动，用鼻子去接触目标棒。

（9）如果训练设施合理，在确保人员安全的情况下，训练员可用握拳代替目标棒，让马来熊继续学习目标定位。

（10）基于目标定位，可继续训练马来熊站立或坐下。

2. 四爪展示

目标：训练动物向训练员展示脚爪并保持动作。

应用：检查、清洁、修剪趾甲、喷药等。

塑行步骤（以前爪为例）：

（1）马来熊用鼻子接触第一目标棒（最好处于坐姿），给口令"手"，然后将第二根目标棒缓慢伸到马来熊身侧，在略伸入栏杆的时刻，马来熊没有表现出明显的躲避，或用前爪拉拽的倾向/行为，立刻给桥并强化。

在引入第二目标棒的开始，很多马来熊会下意识去拉拽，因此目标棒只需要略伸入栏杆即可。

（2）第一目标棒定位马来熊的整体位置，给口令"手"，用第二目标棒主动轻触前爪，在触碰到前爪的时刻，给桥并强化。

（3）用第二目标棒先轻点一下马来熊的前爪，然后略微移开目标棒，给口令"手"，当马来熊朝目标棒看，或小幅度移动前爪的时刻，都可给桥并强化。

这时，前爪的移动不一定非朝着目标棒方向，只要前爪移动就给桥，是让马来熊理解，需要它主动移动前爪。

（4）用第二目标棒轻点前爪，然后略微移开，给口令"手"，在前爪向目标棒移动的时刻，给桥并强化；接下来，在前爪碰到目标棒的时刻，给桥并强化。

（5）将第二目标棒放置在训练操作面（建议选用约5cm内径的钢绞线扎花编织网作为训练操作面，热镀锌处理）处，不再伸进栏杆，马来熊触碰时，会将前爪贴在训练操作面，此时前爪朝向训练员呈展示状态，重点强化这一姿势。

如果马来熊一开始就试图抓目标棒，可直接从步骤（1）跳至步骤（5），重点强化前爪展示给训练员的姿势。

（6）开始训练展示前爪的持久性，让前爪贴在训练面展示几秒后，再给桥并强化。逐渐延长展示时间。

也可用间歇强化延长展示时间。当前爪呈展示姿势后，给口令"保持"，每隔1～2s，给1次桥，然后以每给1次、2次、1次、3次桥这样的随机频率（这一频率是随机的，这里只是举例），给食物强化。这样马来熊就会有期待感，愿意更长时间保持当前行为，等待即将到来的食物。每3次桥后给的食物，可以略多于每1次桥就给的食物。如果中途马来熊放下前爪，可以给口令"手"，待马来熊继续展示前爪后，给口令"保持"，继续保持训练。保持行为结束后，给口令"ok"，在马来熊放下手的时刻，给桥并强化。在训练保持环节，可随着马来熊学习理解，不再使用目标棒。

（7）训练另一只前爪和脚时，塑行步骤类同。在训练脚时，坐姿非常有利于脚掌的展示。

在学习展示另一只前爪/脚的初期，马来熊可能会习惯用之前训练的前爪去触碰目标棒，甚至交叉腿去触碰，此时，可考虑用第一目标棒，引导马来熊身体更偏向一侧，便于马来熊学习理解。也可考虑选用不同的口令，如"左手""右手"；或是目标棒轻点哪只前爪，就要求马来熊展示哪只。马来熊也会思考、学习，请相信它们的能力。

十、科学研究建议

现代动物园的管理、饲养、兽医诊疗与保护实践都应该基于科学研究。无论是基础性还是应用性的研究，都应是现代动物园的一个显著特点。无论是观察性的、行为的、遗传学基础的还是生理性的研究，必须有清晰的科学目标，合理的规划，这有助于提高人们对于物种的认知，其研究结果将有利于动物种群发展。动物园积极开展或引领野外和圈养动物的科学研究，可以提高人们对动物保育的认识，提供野外种群的保护建议和措施。

马来熊的种群信息、生态信息、研究进展信息等可以通过参加中国动物园协会年会、物种管理委员会和物种分类顾问组（TAG）会议来获得，从 2019 年开始，马来熊数据资料可以从 TAG 主席或物种保护一级管理项目（CCP）工作组中获得。《马来熊种群发展规划》即将制定，为未来 5～10 年马来熊种群保护和发展提供清晰的规划。

马来熊 CCP 工作组呼吁会员单位收集马来熊的组织、血液、毛发和粪便样本，用于物种的分类、日粮（肠道微生物）、疾病、个体识别和遗传标记研究。我们希望建立马来熊的血清与组织库，食肉目 TAG 鼓励动物园开展日常例行性检查，这样采样工作就可在日常的例行性检查中实现。马来熊 CCP 工作组建议将马来熊的感官认知和生理学的调查研究列入日常研究项目，同时可适当开展动物重引入训练项目。会员单位必须签订具体的书面协议，确认研究项目的开展形式、研究方法、研究人员、项目可行性、动物数量以及预期的成果，并指派有资质的单位代表监督或指导项目的开展。如果会员单位没有能力开展马来熊研究和调查项目，则尽可能对 TAG 或 CCP 工作组提供资金、人员或实验对象等支持，确保研究计划的开展，也可以自主选择合作方共同承担保护研究项目。

马来熊 CCP 工作组也将及时更新饲养管理指南，补充和完善相关的资料。我们迫切希望获得以下的知识和技术成果，使马来熊这个物种的管理得到进一步完善和提高，同时也丰富马来熊的野外保护工作，可为将来马来熊的野化放归提供种源和技术支撑。马来熊 CCP 工作组欢迎企业和团体资助马来熊种群保育方面的研究，组织开展原创性研究，也欢迎高校、研究院所的科研人员参与进来，合作开展研究。

（一）饲养环境

饲养环境包括温度、湿度、光线、声音、振动及其他因素。

1. 温度与湿度　马来熊是热带与亚热带物种，在我国北方的动物园，马来熊将忍受较长时间的寒冷气候以及较低的湿度。我国北方的气候条件对马来熊的生殖、生活、关节、免疫状态等是否存在影响，需要进一步研究。

2. 光线　有学者建议比较马来熊在南方动物园与北方动物园的饲养状况，以确认其行为与健康是否与日照长度及地域有关。北方地区光照时间过长，冬季缺少树荫，这使马来熊过多暴露于紫外线下，可能导致产生较多的鳞状细胞癌病例。但这还需要更多的研究去分析鳞状细胞癌的发生频率、原因、治疗与预防措施。

3. 噪声与振动　国外学者观察到马来熊对高分贝和异常的声音表现出痛苦的表情以及刻板行为。据报道，马来熊的听力很好，但没有人能准确说出其听力范围。这些信息都需要研究探索。

4. 其他因素　不同的社群配置对圈养马来熊的心理影响，以及对马来熊潜在的繁殖、健康、寿命的影响尚不清楚，所以应监测社会条件对马来熊的影响，以便形成良好的管理措施。

（二）个体识别与亲缘关系

圈养马来熊种群中，部分马来熊的来源不明，谱系资料不完善，缺乏标记或标记不规范，这给种群的管理带来较大困扰。广州动物园与南京红山森林动物园合作，开展马来熊全基因组的测序与分析，预期可以获得高精度的马来熊基因组图谱，了解马来熊发育、分类和遗传进化机制等问题。建议在获得马来熊参考基因组的基础上，开展马来熊个体识别、亲缘关系、群体遗传多样性评估等方面的研究，开发出微卫星与 SNPs 等遗传标记体系，利用该技术体系对可疑的马来熊个体进行识别与鉴定，结合植入式芯片的标记，明确其来源及亲缘关系，更正和完善谱系信息，为进一步完善种群繁育管理奠定基础。

（三）社会环境

野外马来熊的社会行为研究资料几乎空白，而这方面的研究对于解答圈养马来熊群体问题具有非常重要的意义，如雌性马来熊是如何与雄性联系并进行繁殖、母婴关系可以维持多长时间等。从 2012 年开始，马来熊 CCP 工作组已经建立谱系登记与物种管理小组，尽可能将适龄的马来熊配对。部分动物园将2 只以上雄性马来熊合养在一起，但这种单身群体规模可以有多大、长期维持是否合理等问题仍有待进一步研究。

（四）营养

评估马来熊季节性营养需求非常重要。某些动物园发现马来熊秋季食欲较好，而冬季食欲下降。体重、食欲和行为的监测对于营养评估非常重要。分析散养的、自然哺育的马来熊生长率可以准确评估马来熊的营养需要。调查野生马来熊的季节性食谱有利于完善圈养马来熊的日粮谱。基于机体状况的研究有利于准确评价马来熊的体重和机体状况，如利用不同地理区域的圈养马来熊毛发中碳和氮同位素来进行营养学研究。临床上，马来熊营养评估的方法和手段仍然有限（主要是身体状况评估、粪便评估、肠道微生物评估等），这需要开发合适的评估手段和程序，同时会员单位之间可以寻找合适的研究伙伴，共同开展这方面的研究。

（五）兽医护理

国内在马来熊化学保定方面取得较大的进展，但盐酸替来他明、盐酸唑按西泮和右美托嘧啶（TMZ）复方麻醉剂的临床应用评估仍待进一步完善，是否需要加入布托菲诺来进一步提高镇痛效果、缓解血氧饱和度下降的问题也有待进一步研究。贝氏蛔线虫过度生长对马来熊健康是否存在威胁是一个普遍关注的问题，研究应关注这种寄生虫如何影响马来熊的生理和生殖，以及怎样才能有效将其驱除。此外，感染性肺炎、真菌性肠炎、脑心肌炎病毒感染，以及条件性致病菌感染等疾病的防控与快速诊断也是兽医重点关注的内容。

（六）繁殖

圈养马来熊的繁育率很低，需要引入新的奠基者。但新的建群者也面临同样的问题。某些动物园引进新的马来熊作为种源，可以作为种群扩繁的重点关注对象，也应作为种群繁育研究对象。

1. 繁殖生理 目前尚没有充分的行为现象可作为指标来判断雄性和雌性马来熊的发情周期、准确评估雌性马来熊的妊娠期。需要开发准确的监测方法来预测和评估马来熊的发情周期和妊娠期，同时建议开展更多的观察和研究，筛选一些可视性指标来帮助判断马来熊的发情周期和妊娠期。

2. 妊娠和分娩 2018 年，部分动物园雌性马来熊发生流产，但没有更多信息可供分析。虽然日粮和不合适的饲养环境可能是马来熊流产的原因，但需要进行更多研究去分析影响胎儿发育的因素。

雌性马来熊中，有规律地发情和排卵的个体较少，需要开展非繁殖个体和繁殖个体的生理学比较研究。对于从未繁殖过的个体，应在其死后对卵巢和睾丸进行检查。

（七）人工辅助繁育技术

圈养马来熊种群的统计分析数据表明，现有的种群中繁育数量偏少、奠基者过少、潜在的奠基者中尤以成年雄性较多，但这些成年雄性个体没有配偶、配对不成功或者已过适龄繁育期。任其自然繁育将导致种群数量的下降、遗传多样性的丢失。人工辅助繁育技术的研究与应用将有利于改善马来熊种群的发展状况。然而，国内外对于马来熊生殖激素的研究仍然不充分，无法区分马来熊的假孕与真孕现象，也无法判断雌性马来熊的准确排卵时间，这给判断马来熊的人工授精时机带来困扰。此外，马来熊精液的冷冻、稀释与保存仍未形成具体和成熟的技术体系。

人工辅助繁育技术研究应重点解决如下问题：怎样促进雌性马来熊正常发情和排卵？怎样训练马来熊做人工采精？如何开展精液质量检测、人工授精、妊娠检测、雌熊的排卵规律监测？如何成功配对和繁育？马来熊妊娠期的行为和机体变化如何？如何冷冻和保存精液？

（八）冷冻种质资源库

圈养马来熊种群年龄结构中，老龄马来熊数量较多，这些马来熊已经错过配种繁殖时机，为了尽可能保存其遗传资源，应借助健康检查等尽可能采集其皮肤成纤维细胞、精子、卵母细胞或其他细胞，建立冷冻种质资源库，为开展人工辅助繁育技术、细胞生物学研究、分子遗传学研究等提供资源。对于死亡的个体，饲养机构同样要做好样本的采集与保存工作，确保其生物资源得到充分利用和研究。

（九）引入与野化放归技术

新引进或新出生的个体如何成功融入马来熊的社会群体环境中？这一问题需要不断地总结和分析。我国是马来熊的自然分布区，种群极度濒危，在圈养种群规模持续扩大的情况下，适度开展马来熊的野化放归训练很有必要，对于野外种群的恢复具有重要的意义。

附　　录

附录一　马来熊个体档案记录

附表 1　马来熊个体档案记录表

中文名		学　名	
英文名		性　别	
谱系号		呼　名	
标记物	注入式芯片	标记代码	
标记位置		标记时间	年　月　日
机构编号		健康档案编号	
出生单位		出生时间	
来源单位		来源时间	
来源性质	自繁、引进、合作繁殖、其他	来源证明文件	
母本标记代码		父本标记代码	
母本谱系号		父本谱系号	
个体生长、治疗、繁殖、转移、死亡记录	时间、地点、事件、结果：		
单位饲养地点转移记录			
标记员		记录人	
记录表建立日期	年 月 日	记录表截止日期	年 月 日
所属单位	（签章）：		

附录二 马来熊日粮干物质营养分析表

附表 2 马来熊日粮干物质营养分析表

营养物质	动物园A		动物园B		动物园C		动物园D		动物园E	动物园F		标准
	0.1¹	1.0²	0.1	0.1	0.1	1.0	1.0	0.1	0.1	0.1	0.1	
蛋白质（%）	23.4	23.1	27.3	26.9	27.2	27.5	25.2	25.3	26.6	15.7	13.9	10.0~29.6
脂肪（%）	5.8	5.7	16.8	16.5	15.2	12.3	10.6	10.6	8.1	9.6	9.7	5.0~8.5
亚油酸（mg/kg）	0.94	0.93	1.3	1.3	2.8	3.0	0.46	0.45	3.2	2.4	2.2	1.0~1.3
维生素 A（IU/g）	37.7	44.9	22.2	21.8	11.9	13.5	16.0	13.2	18.2	22.2	23.2	0.5~5.9
维生素 D（IU/g）	1.3	1.2	2.8	2.8	3.1	3.6	0.64	0.65	3.8	1.1	0.68	0.5~0.55
维生素 E（mg/kg）	128	126	137	135	66.5	75.3	50.0	50.1	82.1	45.6	38.9	27.0~50.0
维生素 K（mg/kg）	1.8	1.7	0.84	0.83	1.1	1.3	0.77	0.78	1.4	0.38	0.22	1.0
硫氨酸（mg/kg）	16.1	15.9	31.3	30.7	13.6	15.4	4.5	4.4	16.7	8.0	6.5	1.0~2.25
核黄素（mg/kg）	23.6	23.2	18.2	17.8	6.2	6.6	4.3	4.2	6.8	5.2	4.7	1.6~10.5
烟酸（mg/kg）	58.7	58.3	130	128	86.6	91.4	26.8	26.4	91.3	53.2	46.1	9.6~20.0
吡哆醇（mg/kg）	11.5	11.6	15.7	15.3	9.5	9.4	4.5	4.4	8.8	10.4	10.5	1.0~1.8
叶酸（mg/kg）	2.4	2.5	7.9	7.8	2.2	2.5	2.0	1.9	2.9	2.1	2.0	0.18~0.5
生物素（mg/kg）	0.60	0.59	0.23	0.23	0.16	0.19	0.12	0.12	0.20	0.09	0.06	0.10~0.12
维生素 B$_{12}$（mg/kg）	0.2	0.2	0.2	0.2	0.05	0.05	0.03	0.03	0.05	0.03	0.02	0.022~0.035
泛酸（mg/kg）	33.0	32.6	52.2	51.0	18.6	20.1	14.6	14.4	21.1	16.4	14.9	7.4~15.0
胆碱（mg/kg）	2191	2149	2279	2308	1233	1420	574	583	1530	575	387	1200~1700

（续）

营养物质	动物园 A		动物园 B		动物园 C		动物园 D		动物园 E	动物园 F		标准
	0.1[1]	1.0[2]	0.1	0.1	0.1	1.0	1.0	0.1	0.1	0.1	0.1	
钙(%)	1.5	1.49	1.2	1.1	2.0	2.3	0.49	0.49	2.5	0.83	0.56	0.3~1.2
磷(%)	1.0	1.0	0.83	0.82	1.4	1.6	0.41	0.41	1.7	0.67	0.49	0.3~1.0
镁(%)	0.31	0.30	0.12	0.11	0.2	0.22	0.10	0.10	0.23	0.14	0.12	0.04~0.06
钾(%)	1.3	1.3	0.77	0.73	1.0	1.0	0.70	0.66	1.0	1.2	1.2	0.4~0.60
钠(%)	0.6	0.59	0.43	0.42	0.30	0.34	0.18	0.18	0.36	0.21	0.18	0.04~0.30
铁(mg/kg)	235	232	288	283	484	553	96.5	96.3	594	189	123	10.0~29.6
锌(mg/kg)	162	159	186	183	169	187	48.2	48.6	194	76.6	55.1	5.0~8.5
铜(mg/kg)	29.1	28.6	20.0	19.6	12.9	14.5	5.7	5.7	15.6	9.1	7.7	1.0~1.3
锰(mg/kg)	63.5	62.7	72.2	71.0	70.4	80.7	33.2	32.9	87.8	13.5	14.1	0.5~5.9
碘(mg/kg)	1.2	1.18	1.8	1.8	1.2	1.4	0.38	0.39	1.5	0.6	0.41	0.5~0.55
硒(mg/kg)	0.3	0.3	0.11	0.10	0.45	0.52	0.08	0.08	0.55	0.22	0.17	27.0~50.0

注:[1]0.1表示1只雌性;
[2]1.0表示1只雄性。

附录三 马来熊的血液生理生化参考值

附表3 马来熊血液生理生化参考值表

检测项目	单位	平均值	标准差	最低值	最高值	样品量[a]	动物数量[b]
白细胞计数	$\times 10^3$ 个/μL	10.72	3.572	5.220	25.90	206	75
红细胞计数	$\times 10^6$/μL	6.03	0.76	4.14	8.70	140	58
血红蛋白	g/dL	14.5	1.9	7.8	20.0	161	65
血细胞比容	%	41.4	5.1	30.0	58.0	212	78
红细胞平均容量	fL	69.4	5.7	46.9	98.8	140	58
平均红细胞血红蛋白含量	pg	24.3	1.5	16.7	29.7	129	55
红细胞平均血红蛋白浓度	g/dL	35.0	2.8	24.4	51.0	160	65
血小板计数	$\times 10^3$ 个/μL	569	174	246	966	28	20
有核红细胞	/100 WBC	0	1	0	2	19	14
网织红细胞	%	0.0	0.0	0.0	0.0	1	1
中性粒细胞	$\times 10^3$ 个/μL	7.391	3.093	0.056	19.40	191	71
淋巴细胞	$\times 10^3$ 个/μL	2.051	1.395	0.017	10.10	192	73
单核细胞	$\times 10^3$ 个/μL	0.496	0.373	0.000	2.240	170	68
嗜酸性粒细胞	$\times 10^3$ 个/μL	0.503	0.443	0.002	2.282	160	67
嗜碱性粒细胞	$\times 10^3$ 个/μL	0.080	0.105	0.000	0.248	9	6
嗜苯胺蓝细胞	$\times 10^3$ 个/μL	0.000	0.000	0.000	0.000	2	2
钙	mg/dL	9.5	0.6	8.2	11.3	199	74
磷	mg/dL	5.2	0.9	3.5	8.1	182	69
钠	mEq/L	139	4	125	157	186	68
钾	mEq/L	4.5	0.4	3.6	5.7	187	70
氯化物	mEq/L	108	4	97	122	180	66
碳酸氢盐	mEq/L	18.0	2.9	12.7	23.0	30	16
二氧化碳	mEq/L	18.6	2.5	15.0	24.4	60	32
渗透压	mOsmol/L	280	11	267	296	10	4
铁	μg/dL	133	33	76	206	34	13
镁	mg/dL	1.85	0.95	0.00	4.00	10	4
血清尿素氮	mg/dL	18	8	7	58	206	78
肌酸肝	mg/dL	1.4	0.4	0.0	2.6	195	76
尿酸	mg/dL	1.2	0.5	0.0	2.2	91	35
总胆红素	mg/dL	0.2	0.1	0.0	0.7	180	71

（续）

检测项目	单位	平均值	标准差	最低值	最高值	样品量[a]	动物数量[b]
直接胆红素	mg/dL	0.0	0.1	0.0	0.3	58	26
间接胆红素	mg/dL	0.1	0.1	0.0	0.4	58	26
葡萄糖	mg/dL	96	25	47	201	203	74
胆固醇	mg/dL	259	61	0	440	192	73
甘油二酸酯	mg/dL	157	99	24	769	96	40
低密度脂蛋白胆固醇	mg/dL	66	0	66	66	1	1
高密度脂蛋白胆固醇	mg/dL	242	0	242	242	1	1
肌酸磷酸激酶	IU/L	214	176	21	969	105	49
乳酸脱氢酶	IU/L	1 401	1 246	270	8 002	96	36
碱性磷酸酶	IU/L	77	46	18	272	203	77
丙氨酸转氨酶	IU/L	51	22	0	139	178	74
天冬氨酸转氨酶	IU/L	110	50	30	378	200	74
γ-谷氨酰转移酶	IU/L	46	36	8	196	101	40
淀粉酶	U/L	466	249	0	1 155	68	33
脂肪酶	U/L	105	66	0	248	26	12
总蛋白（比色法）	g/dl	7.3	0.5	6.1	8.7	160	63
球蛋白（比色法）	g/dl	4.0	0.6	2.6	6.0	138	58
白蛋白（比色法）	g/dl	3.3	0.4	2.5	4.4	145	61
纤维蛋白原	mg/dl	100	0	100	100	1	1
丙种球蛋白（电泳）	g/dl	1.9	0.4	1.4	2.1	4	2
白蛋白（电泳）	g/dl	3.5	0.3	3.2	3.8	4	2
α-球蛋白（电泳）	mg/dl	709.5	293.2	520.0	1 146	4	2
α2-球蛋白（电泳）	mg/dl	913.0	204.1	656.0	1 140	4	2
β-球蛋白（电泳）	mg/dl	977.0	113.3	812.0	1 070	4	2
睾酮	ng/ml	0.660	0.000	0.660	0.660	1	1
孕酮	ng/dl	1.000	0.000	1.000	1.000	1	1
总三碘甲状腺氨酸	ng/ml	99.4	43.2	36.0	153.0	5	5
三碘甲状腺氨酸摄取	%	0	0	0	0	1	1
总甲状腺素	μg/dl	1.5	0.8	0.4	2.7	8	8
体温	℃	37.5	0.89	36	40	124	49

注：[a]用来计算参考值的样本数；
　　[b]参考值的动物个体数。

附录四 马来熊的体重参考值

附表 4 马来熊体重参考值

年龄	单位	平均值	方差	最小值	最大值	样本数[a]	动物数量[b]
1.8～2.2 月龄	kg	3.530	0.307	3.040	4.000	9	2
1.4～1.6 岁	kg	38.66	12.06	20.70	63.18	14	10
1.8～2.2 岁	kg	63.31	9.36	48.50	77.10	11	5
2.7～3.3 岁	kg	72.66	14.86	54.50	93.00	16	3
4.5～5.5 岁	kg	34.03	5.28	26.00	39.09	6	5
9.5～10.5 岁	kg	70.47	16.40	41.20	92.95	16	10
19.0～21.0 岁	kg	69.40	10.84	49.00	83.27	15	7

注：[a]用来计算参考值的样本数；
[b]参考值的动物个体数。

附录五 动物园马来熊日粮

附表 5 动物园 A 马来熊日粮案例（g）

动物类别	饲料种类	每天喂量							每周总和	占比（%）
		周一	周二	周三	周四	周五	周六	周日		
雄性	HMS Omnivore® 杂食动物商品粮	1 416	1 416	1 416	1 416	1 416	1 416	1 416	9 915	55.71
	橙子	199	199	199	199	199	199	199	1 398	7.86
	苹果	394	394	394	394	394	394	395	2 764	15.54
	香蕉	140	140	140	140	140	140	140	985	5.54
	生菜			612				612	1 225	6.89
	胡萝卜	358			358				717	4.03
	葡萄		789						789	4.44
	总数								17 793	100.00
	总能量（kJ）								141 516	
	总干物质								10 688	

（续）

动物类别	饲料种类	每天喂量							每周总和	占比（%）
		周一	周二	周三	周四	周五	周六	周日		
雌性	HMS Omnivore® 杂食动物商品粮	880	1 416	1 416	1 416	1 416	1 416	1 416	9 379	60.06
	橙子	122	199	199	199	199	199	199	1 321	8.46
	苹果	245	394	394	394	394	394	395	2 615	16.74
	香蕉	86	86	86	86	86	86	86	603	3.87
	生菜			381				381	762	4.88
	胡萝卜	222			222				444	2.85
	葡萄		490						490	3.14
	总数								15 617	100.00
	总能量（kJ）								117 673	
	总干物质								8 872	

附表 6　动物园 B 马来熊日粮案例（g）

动物类别	饲料种类	每天喂量	占比（%）
雌性1号	苹果/苹果酱（仅周五）	109	8.49
	橙子	109	8.49
	香蕉（带皮/不带皮）	109	8.49
	番茄	101	7.86
	雀巢犬科专用商品粮 Pro Plan Canine®	560	43.6
	马祖瑞高纤维棒 Mazuri High Fiber Sticks®	286	22.27
	蟋蟀	0.83	0.06
	麦片 Cheerios®	2.1	0.16
	葡萄干	5.1	0.40
	爆米花	2.3	0.18
	总数	1 284.33	100
	总能量（kJ）	14 672	
	总干物质	850	

（续）

动物类别	饲料种类	每天喂量	占比（%）
	苹果/苹果酱（仅周五）	121	8.54
	橙子	121	8.54
	香蕉	109	7.69
	蒸甘薯	101	7.12
	灵长类饼干	14.3	1.01
	雀巢犬科专用商品粮 Pro Plan Canine®	623	43.95
雌性 2 号	马祖瑞高纤维棒 Mazuri High Fiber Sticks®	318	22.43
	蟋蟀	0.83	0.06
	麦片 Cheerios®	2.1	0.15
	葡萄干	5.1	0.36
	爆米花	2.3	0.16
	总数	1 417.63	100.00
	总能量（kJ）	16 263	
	总干物质	963	

附表 7　动物园 C 马来熊日粮案例（g）

动物类别	饲料种类	每天喂量	占比（%）
	马祖瑞杂食动物饼干	780	65.77
	甘薯或南瓜	230	19.39
	带肉骨头	169	14.25
雄性 1 号	熟鸡蛋	7	0.59
	总数	1 186	100.00
	总能量（kJ）	11 022	
	总干物质	703	
	马祖瑞杂食动物饼干	386	48.74
	甘薯或南瓜	230	29.04
	带肉猪骨头	169	21.34
雌性 1 号	熟鸡蛋	7	0.88
	总数	792	100.00
	总能量（kJ）	7 991	
	总干物质	550	

附表 8　动物园 D 马来熊日粮案例（g）

动物类别	饲料种类	每天喂量						每周总和	占比（%）
		周二	周三	周四	周五	周六	周日		
雄性1号	混合干粮或窝头	1 021.5	1 021.5	1 021.5	1 021.5	1 021.5	1 021.5	7 150.5	61.59
	亚麻子油	5.7	5.7	5.7	5.7	5.7	5.7	39.9	0.34
	长叶莴苣	400	400	400	400	400	400	2 800	24.12
	牛油果						115	115	0.99
	苹果		200					400	3.45
	熟鸡蛋	100						100	0.86
	香蕉	150						150	1.29
	面包虫		50					50	0.43
	橙子			180				180	1.55
	玉米				100			100	0.86
	葡萄			225				225	1.94
	柚子					300		300	2.58
	总数							11 610.4	100.00
	总能量（kJ）							81 648	
	总干物质							916	
雌性1号	混合干粮或窝头	794.5	794.5	794.5	794.5	794.5	794.5	5 561.5	55.50
	亚麻子油	5.7	5.7	5.7	5.7	5.7	5.7	39.9	0.40
	长叶莴苣	400	400	400	400	400	400	2 800	27.94
	牛油果						115	115	1.15
	苹果		200					400	3.99
	熟鸡蛋	100						100	1.00
	香蕉	150						150	1.50
	面包虫		50					50	0.50
	橙子			180				180	1.80
	玉米				100			100	1.00
	葡萄			225				225	2.25
	柚子					300		300	2.99
	总数							10 021.4	100.00
	总能量（kJ）							78 856	
	总干物质							860	

注：混合干粮为 50％Purina DogChow®、25％Hills Science Diet CanineMaintenance®和 25％ OmnivoreBiscuit®

附表 9　动物园 E 马来熊日粮案例（g）

动物类别	饲料种类	每天喂量	占比（%）
	马祖瑞杂食动物饼干	850	63.64
	甘薯或南瓜	450	33.69
	猪股骨	—	—
雌性 1 号	多种类的鱼	35.7	2.67
	总数	1 335.7	100.00
	总能量（kJ）	11 018	
	总干物质	833	

附表 10　动物园 F 马来熊日粮案例（g）

动物类别	饲料种类	每天喂量	占比（%）
	马祖瑞杂食动物商品粮	72	3.64
	犬用体重控制处方粮 IAMS weight control dog®	25	1.26
	花生酱	6	0.30
	面包	11	0.56
	鸟用谷粒	3	0.15
	葡萄	192	9.71
	橙子	402	20.33
雌性 1 号	苹果	351	17.75
	香蕉	515	26.05
	面包虫	49	2.48
	长叶莴苣	286	14.47
	熟鸡蛋	30	1.52
	带壳花生	35	1.77
	总数	1 977	100.00
	总能量（kJ）	7 941	
	总干物质	513	

（续）

动物类别	饲料种类	每天喂量	占比（%）
	马祖瑞杂食动物商品粮	144	6.99
	犬用体重控制处方粮 IAMS weight control dog®	32	1.55
	花生酱	6	0.29
	面包	11	0.53
	鸟用谷粒	3	0.15
	葡萄	192	9.32
	橙子	402	19.52
雌性1号	苹果	351	17.05
	香蕉	515	25.01
	面包虫	49	2.38
	长叶莴苣	286	13.89
	熟鸡蛋	30	1.46
	带壳花生	35	1.70
	玉米	3	0.15
	总数	2 059	100.00
	总能量（kJ）	7 497	
	总干物质	477	

附表 11　广州动物园马来熊日粮案例（g）

动物类别	饲料种类	每天喂量	占比（%）
	苹果/苹果酱（周五提供）	109	8.49
	橘子	109	8.49
	香蕉	109	8.49
	土豆	101	7.86
雄性1只	皇家犬科动物饲料	560	43.60
	马祖瑞灵长类动物高纤维饲料	286	22.27
	蟋蟀	0.83	0.06
	熟玉米粒	2.1	0.16
	葡萄干	5.1	0.40

（续）

动物类别	饲料种类	每天喂量	占比（%）
雄性 1 只	爆米花	2.3	0.18
	总数	1 284.33	100.00
	总能量（kJ）	14 672	
	总干物质	850	
雌性 1 只	苹果/苹果酱（周五提供）	121	8.54
	橘子	121	8.54
	香蕉	109	7.69
	蒸熟的甘薯	101	7.12
	灵长类动物蛋糕	14.3	1.01
	皇家犬科动物饲料	623	43.95
	马祖瑞灵长类动物高纤维饲料	318	22.43
	蟋蟀	0.83	0.06
	燕麦片	2.1	0.15
	葡萄干	5.1	0.36
	爆米花	2.3	0.16
	总数	1 417.63	100.00
	总能量（kJ）	16 263	
	总干物质	963	

附录六　马来熊的隔离检疫程序

1. 检疫设施　提供独立的检疫设施，如没有专门的检疫设施，应把新引进的动物与原有的圈养动物群分开，禁止动物接触，防止疾病传播，有效避免气溶胶接触和排水污染。

如果缺乏隔离马来熊的设施，可以在动物装运前，在检疫部门指定地点进行隔离检疫。这种检疫方式，必须保证马来熊在运输过程与其他熊科动物、犬科、猫科等动物隔离。

2. 检疫时间　在检疫部门监督下检疫最少 30d。30d 检疫期内，如有其他马来熊进入检疫区域，检疫期必须重新计算。如进入的动物种类不同，则检疫期不需要重新计算。30d 检疫期必须在相对封闭的环境下进行。

此外，应指定专门的饲养员管理被检疫动物，兼职饲养员只能完成原有圈养动物的工作后才能管理被检疫动物。

还应提供专门的饲养和清洁设备。共用的设备必须清洗和消毒后再使用。

3. 检疫方案　必须制定防疫预案，尽量减少人员接触新进动物，避免人员感染人畜共患病。要采取全面的预防措施，包括鞋底消毒、穿戴防护服和口罩、减少与动物的物理性接触、使用化学保定取代物理保定、为动物园的员工制订结核菌检测/监测计划以确保员工的健康。

具体检疫方案为：采集动物的粪便样本，或其他有代表性的样本，检查是否有肠胃寄生虫感染；合理驱杀寄生虫；动物检疫期结束时，三次粪便寄生虫检查应均为阴性；体外寄生虫也要检查和做相应的处理；尽可能接种结核疫苗，如果马来熊没有接种史，可视为免疫空白动物，进行疫苗接种；如果条件允许，应收集动物血液并储存血清，可以使用−80℃超低温冰箱或−20℃普通冰箱来保存血清，这种血清可为回顾性疾病评估提供备份样本；如有可能，对马来熊麻醉或保定进行永久性标识（如标记、耳痕、耳标等）；同时进行系统的健康检查，包括牙科检查。

此外，检疫期间应保存完整的检疫与治疗记录。死亡的动物应进行尸检，并采集代表性的组织进行病理学检查。

建议进行血液生理生化分析、血气分析、尿液生化分析、心丝虫感染排查等检测工作。

附录七　马来熊的人工育幼

1. 幼崽的哺育

（1）兽医检查　开展人工育幼时，应对幼崽进行全面的检查。

先给幼崽投喂葡萄糖液，完成健康检查后，尽快喂乳。

如果幼崽没有吃到母乳，则应帮助幼崽尽快建立免疫力，如收集雌熊的初乳喂给幼崽。如果没有雌熊的初乳，则可以用丙种球蛋白替代。来自雌熊的血清可以口服也可以皮下注射。

遵循兽医的建议，发现问题应向兽医报告。完成检查后，将幼崽放入提前准备好的育幼恒温箱中，注意保暖，让其安静休息。

（2）用品配置　育幼箱连接电源，检查温度、湿度和水压表。恒温箱保持27～29℃（不低于 26.7℃）的温度和 50%～60% 的湿度。

需要使用和配置的用品有：

- 1个带盖的桶，里面放着干净的毛巾和躺卧用的垫子等。
- 1个带盖的桶，标有"脏物品"。
- 1个带盖的桶，标有"尿布桶"，用于浸泡待清洗的物品。

• 1个带盖的桶，标有"饲喂用物品"。添加消毒液，用于消毒所有饲喂用物品。

• 电源插座及插线板。

• 电水壶和电子秤。

将毛巾或垫布铺在恒温箱中，在恒温箱中的一端放置卷成团的毛巾或绒布玩具，以帮助安抚刚出生的幼崽。在恒温箱的四周放置软垫，防止幼崽触碰箱壁而使鼻受损。

（3）配方奶粉　在饲喂前，所有饲喂用物品应灭菌消毒。

可选用 ESBLIC 牌奶粉（或 ESBLIC 牌奶粉与初生婴儿惠氏奶粉等比例混合）。用温水将 9.6g 奶粉调制成 69mL 的奶液。饲喂幼崽的奶液温度不能超过 37.8℃。从奶瓶中滴几滴到手腕上估测温度，如果感觉不热也不凉，那么奶液的温度就是合适的。参照温奶器上的温度会更加准确。

奶液的浓度和喂量可能因个体状况而有所不同，应遵循兽医的建议。

（4）饲喂幼崽　抱起幼崽或喂奶之前，双手应使用酒精凝胶消毒；奶瓶、奶嘴和其他饲喂用物品应消毒待用。

应在恒温箱内或其他平台给幼崽喂奶。让幼崽趴卧，头抬起约 45°，在幼崽感觉舒适的前提下，适当调整奶瓶高度。最初几次喂奶时，需要用一只手控制幼崽的头部，另一只手打开它的嘴塞入奶嘴。要确保动作温柔，让幼崽感觉舒适。

幼崽开始吸吮时，用毛巾或手抵住它的前爪，让它可以用前爪推按，这也会让幼崽在喝奶时感觉更为放松。

不能给幼崽强行喂奶，这样会引起吸入性肺炎。如果幼崽不愿意喝奶，可在短期内先用葡萄糖电解质溶液代替奶粉饲喂。

初次饲喂的奶粉浓度应为正常配比浓度的 1/4，饲喂量不应超过当天总喂奶量的 15%。如果幼崽喝奶后没有发生腹泻，则可以逐步调整至正常浓度，每次饲喂量不超过 5%。

当幼崽可以采食正常浓度的奶液时，需要制订详细的饲喂计划，每个幼崽的饲喂计划应根据个体情况制订。

所有幼崽每天至少需要自身体重 15% 的奶液摄入量，即每 1kg 体重每天至少需要 150mL 的奶量。一般而言，幼崽每天摄入的奶量应在体重的 20%，即每天每 1kg 体重 200mL 奶液。每天的摄入量最多不应超过体重的 25%，即每天每 1kg 体重不超过 250mL 奶量。

当幼崽出现营养不良或体重不足时，可能需要饲喂更多量的奶液，要保证增加奶量不会导致腹泻。每天的总奶量应平均分成多次饲喂，并详细记录每次调制的奶量以及幼崽实际吃入的奶量。

不足 2 周龄的幼崽，或是刚开始人工育幼的幼崽，需要一天饲喂 6～8 次，即 3～4h 一次。如果幼崽白天每次吃到的奶量充足，则夜晚饲喂频率可以减少，让幼崽和哺育人员都得到足够的休息。

2～8 周龄的幼崽每天饲喂 5～7 次。在 4 周龄时，可以设置一个小兽舍，每天将幼崽从保温箱中抱出，在地上进行饲喂。但仍应将幼崽爬卧，放平饲喂。

当幼崽约 8 周龄后，每天仍需要饲喂 4～6 次，在 6～8 周龄时，应引入固体食物（碎肉或果蔬泥）。

大约 9 周龄时，幼崽应每天摄入少量固体食物。幼崽可以离开恒温箱活动，每晚在铺有加热垫和保暖物的小兽舍中睡眠。约 11 周龄时，幼崽摄入的奶量不低于体重的 12%。

大约 12 周龄时，幼崽每天的吃奶量应保持在最大值（自身体重的 20%～25%），并额外给予固体食物。

当幼崽 13 周龄时，则不再需要用奶瓶饲喂（个别不适应从饲盆中舔食的幼崽除外），而用饲盆每天喂奶 4 次，同时投喂固体食物。

当幼崽 26 周龄时，不再需要喝奶，也不搭配奶粉喂食。如果此时幼崽不愿断奶，可以持续将奶粉稀释，让幼崽对奶液不感兴趣。以这种方式断奶，对幼崽的伤害较小。

（5）排泄 每次完成饲喂后，应刺激生殖器区域让幼崽排尿排便。用湿布从下往上擦拭生殖器区域至尾部。不要从尾部向下擦拭肛门，以免粪便污染尿道而引发感染。一旦幼崽自主排泄，就不要进行干预。但当动物停止自主排泄，则需要继续人为刺激排泄，直至排泄完毕。在刺激马来熊幼崽排泄时，动作要轻柔。幼崽一般在饲喂后都会排尿，每天排便 1～2 次。

（6）清洁 每次喂食后都应清洁幼崽。应用干净的、蘸温水的毛巾擦拭。每次毛巾都应更换或清洗消毒，不要用擦拭过生殖器区域的毛巾擦拭身体的其他部位。

每次喂食后应立刻将幼崽身上残留的奶液擦去，因为残存的奶液可能引发真菌感染。

轻轻拍打或抚摸幼崽的背部和侧部，有助于幼崽喝奶后排出空气，防止吐奶。用毛巾顺毛擦拭幼崽的整个身躯。这种擦拭方法可以有效清除皮毛表面的污物。应像雌熊舔舐幼崽的皮毛一样，向着各个方向揉搓幼崽皮毛。这不但可以清除皮毛深层的污物，也可以刺激皮下血管，促进毛发的生长。

完成喂食和清洁幼崽的工作后，要将所有相关物品从育幼区拿走；所有污物要进行消毒和清洗；对于幼崽的必需品，要及时更换，然后让幼崽休息和玩耍。

（7）改变食物和断奶　任何食物的改变，无论是组成、品牌或食量，都应该循序渐进。对于幼崽，任何突然的变化都可能导致其胃肠道不适，如腹泻、便秘、呕吐和胀气等。

当幼崽的大部分牙齿长出（大约是在 6 周龄时），就可以添加固体食物。首次添加的固体食物应该是粥样食物，幼崽可以不必咀嚼就能吞咽。可以将幼犬用的配方日粮或打碎的肉类与奶粉混合在一起，调至适宜的稠度。先将少量食物放在幼崽的口中，一旦幼崽完全咽下，就可以继续添加固体食物。

通过不断尝试，幼崽会接受固体食物的味道。10 周龄时，幼崽可以从食盆中舔少量的粥样食物。在约 16 周龄时可以添加带肉的骨头。当幼崽可以咀嚼肉骨时，就可以添加更大块的固体食物。饲喂肉类时应添加多维添加剂。

在 26 周龄时，幼崽已不再需要任何奶类食物，完全可以从固体食物中获得全部所需营养。

2. 日常清洁

（1）育幼区的清洁　所有污物和卧垫应及时撤换，或放进标有"脏物品"的桶中，清洗晾晒或更换新的物品。

定期清洁恒温箱，使用消毒过的海绵吸去恒温箱电机周围多余的水分。将整个育幼室定期进行消毒和冲洗。保持地板清洁，所有的清洁设备必须冲洗、晾干并存放在正确的位置，以备下次使用。

消毒剂和其他消毒液须按照包装上的说明配置。

（2）饲喂用物品的清洁　所有喂食幼崽用的物品，每次使用后须进行清洁和消毒。将剩余的食物和残留物清洗干净，刷洗奶瓶和奶嘴并冲洗干净。其他物品也应擦洗，然后消毒。

对于电子秤和其他无法浸泡消毒的物品，应使用浸有杀菌液的布擦拭干净。所有能够浸泡的物品，应冲洗干净后以杀菌液浸泡消毒。

高温消毒可避免消毒液的气味影响幼崽进食。

（3）生活区的清洁　所有污物应及时撤换，放进标有"脏物品"的带盖桶中。

将地毯上的粪污等清洗干净，消毒、晾干。活动区内其他污物也应清洗干净、消毒，然后晾干。垫布和玩具应及时更换。

幼崽进入其他活动区后，应对垫布进行清洗、消毒和干燥。刷洗地板和墙壁，并消毒、晾干，重新铺设垫布。幼崽返回后，必须对之前的活动区进行同样程序的清洁。

3. 幼崽兽舍的设置　3周龄时幼崽可在恒温箱外活动，让幼崽逐渐适应外界环境。尽可能早地让幼崽直接晒太阳，因为阳光可以促进维生素 D_3 的合成与吸收，帮助幼崽利用奶中的钙来强化自身的牙齿和骨骼。

合理地选择兽舍区域，让幼崽在该区域活动，并监测温度和安全性。可以将方形地毯彼此拼接铺在兽舍内，但应避免幼崽的爪子卡在地毯中。

将加热垫放在地毯上，用毛巾或床单包裹，以提供热源。但加热垫应只覆盖部分区域，以便幼崽可以自主选择是否远离热源。准备一个 L 形的枕头，用柔软的绒布材料包裹，为幼崽提供一个大而稳固的依靠物。幼崽可以在枕头上玩耍，以此增加运动量。

将玩具放在兽舍中，也可以为幼崽提供熟悉的、可以互动的物品。

如果兽舍区有开放的墙面或屋顶，那么要密切关注天气状况。当温度迅速改变时，幼崽会着凉。如果天气较差，应将幼崽放回恒温箱。

幼崽 4 周龄时，应选定适合其活动的区域，且新活动区的设置应和之前的兽舍一样。

4. 社会行为的塑造　参照正文。

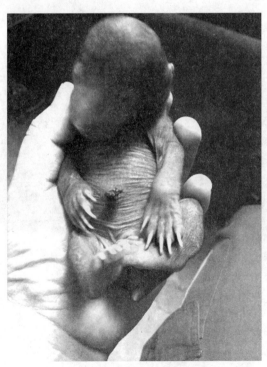

附图 1　马来熊的脐带消毒

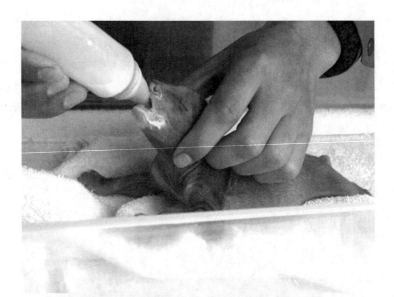

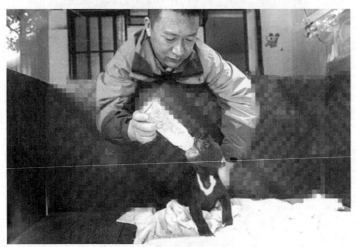

附图 2　马来熊的喂乳

附图 3　马来熊幼崽的育幼环境

附图 4　马来熊幼崽的户外运动

附录八　马来熊行为训练计划

附表 12　马来熊常规行为训练计划

行为	描述/信息
转移	移动到指定区域
站立	移动到一个点并保持平静
接触目标棒	用爪子、嘴或身体某个部位接触目标棒
张嘴	张大嘴检查牙齿或用药
身体展示	在围栏网格中，露出某个身体部位（如提示）
爪的展示	伸出爪部，进行指甲修剪和治疗开裂的爪垫
放下爪子	把熊爪放在地板上，防止熊攻击动物护理人员
显露乳头	露出乳头；用于判断马来熊的生殖状态
显露腹部	露出腹部；以便超声波监测生殖状况
保持	保持上述任何行为直到解除控制
称重	在称重设备上保持坐或站立姿势直至解除控制

附表 13　马来熊高级行为训练计划

行为/过程	描述/信息
徒手注射	露出臀部 &.注射器脱敏 &.钝针头脱敏（肌内注射）；伸出腿部 &.脱敏（皮下注射）
推杆注射	接受推杆注射
抽血	从前肢或后腿根部抽血
眼部检查	眼部展示和设备脱敏；用于滴眼
耳朵检查	展示耳部，对拭子、注射器、耳部体温计、触摸等脱敏
牙齿检查	检查牙齿，对舌、牙龈、压舌器脱敏
生殖器检查（雄性）	生殖器呈现，触诊睾丸，操纵阴茎/鞘
自愿采精	用于生殖评估和未来生殖辅助操作
收集尿液	用于生理和生殖评估
超声检查	使用超声探头检查时保持体位
阴户检查	容许采集阴道拭子，进行生殖监测

附录九　马来熊的丰容案例

附表14　马来熊丰容案例

项目	描述	促进的行为	注意事项
垫料	刨花、干草、稻草	营巢	
骨头	关节和股骨	觅食，掏挖骨髓（蛋白质的替代来源）	
嫩树枝	桑树、野豌豆、榕树枝、新原木、松果树、竹子	觅食，会利用种类繁多的自然植被	能够识别各种植物，注意树枝是否有毒性
泡沫	各种香味的气泡和泡泡浴	精神刺激	无毒，可食用
织物	毯子、填充式玩具、旧衣服	用于隐藏食物，鼓励动物觅食，作为筑巢材料	存在吞食或纠缠的可能，只适合某些马来熊个体
进食用的玩具	通过丰容公司购买的球、管等	觅食，增进解决问题的能力，消耗速度慢	
消防带玩具	吊带、球状物、吊床	隐藏食物，鼓励操控，抬高休息空间	尽可能隐藏螺母和螺栓，防止被吞食和拧松
水果	甜瓜、桃、浆果、椰子、南瓜	饮食的多样性，自然觅食，延长摄食时间	应清除果核，以防止堵塞消化道（鳄梨、桃子等）
冰块	某些食物放在水或果汁里冷冻	夏季降温	
混合处理食物	甘蔗、玉米茎、蜂蜜、花生酱、带核或带壳的坚果	多样的饮食呈现，觅食，模仿自然饮食	
混合蛋白	黄粉虫、蟋蟀、小鼠、鱼、煮熟的鸡蛋	觅食，自然饮食	
无食物的玩具	崩马（Boomer）球等	玩耍	
嗅觉刺激	采购商品化香水、香料、薄荷、新鲜草药或其提取物	精神刺激，摩擦，梳洗	

（续）

项目	描述	促进的行为	注意事项
纸类	盒子、饲料袋、报纸、纸板管	将食物隐藏或作为备用巢材	使用前把胶带、胶水、订书钉等去除
蔬菜	甘薯、番茄	呈现食物的多样性	可以根据动物需要煮熟或生食
动物园的"味道"	动物园里动物的毛皮、羽毛等	精神刺激，嗅觉	经严格灭菌（紫外线、高压灭菌等）

附图 5　马来熊的丰容案例

参 考 文 献

陈国亮，李仲逵，杨庭蕙，等，2000. 雌性马来熊亲仔行为的初步观察 [J]. 野生动物，21（3）：8 - 9.

冯庆，王应祥，1991. 人工饲养条件下马来熊（*Helarctos malayanus*）生长发育和行为特点的初步研究 [J]. 兽类学报，11（2）：81 - 86.

王应祥，2003. 中国哺乳动物种和亚种分类名录与分布大全 [M]. 北京：中国林业出版社.

张涛，张丽敏，1999. 马来熊的人工饲养与繁殖 [J]. 野生动物，20（3）：20 - 21.

Addison E，Kolenos G，1979. Use of ketamine hydrochloride and xylazine hydrochloride to immobilise black bears (*Ursus americanus*) [J]. J Wildl Dis，15：253.

Allen J，Adams H，1987. Pharmacologic considerations in selection of tranquilisers，sedatives，and muscle relaxant drugs used in inducing animal restraint [J]. JAm Vet Med Assoc，191：1241.

Ames A，1993. Bears in circuses. In. Bears a complete guide to every species [J]. Harper Collins London：78 - 88.

Ames A，1993. The behaviour of captive polar bears [J]. UFAW Animal Welfare Research Report No 5，Universities Federation for Animal Welfare，Potters Bar，England：67.

Ames A，1993. The behaviour of captive polar bears [J]. UFAW Animal Welfare Research Report（1993）No 5，Universities Federation for Animal Welfare. Potters Bar，England：66 - 67.

Ames A，1994. Object manipulation in captive polar bears [J]. Int. Con. Res. & Mgmt.，9：443 - 449.

Armstrong D，Miller R，Byers O，et al，1996. International co - operation with range country efforts to conserve tigers (*Panthera tigris*) and the veterinarian's role [J]. In：Proceedings of the American Association of Zoo Veterinarians：532.

Ball J，1992. Regional studbook for the Asian bears [J]. Woodland Park Zoological Gardens，Seattle：442 - 456.

Banfield，1974. A. W. F The mammals of Canada [J]. Toronto，National Museums of Canada：23 - 33.

Banfleld A，1974. The mammals of Canada [M]. Toronto，National Museums of Canada.

Barnett J，Lewis J，1990. Medetomidine and ketamine anaesthesia in zoo animals and its reversal with atipamezole：a review and update with specific reference. to work in British Zoos [J]. In：Proceedings of the American Association of Zoo Veterinarians：207.

Belikov S, 1993. The polar bear (D). In M. A. Vaisfeld&LE. Chestin (eds.): Bears: Distribution, ecology, use and protection, Moscow Nauka: 420 - 478.

Belikov S, 1993. The polar bear [J]. In M. A. Vaisfeld&LE. Chestin (eds.): Bears: Distribution, ecology, use and protection: 420 - 478.

Belikov S, 1993. The polar bear. In M. A. Vaisfeld & I. E. Chestin (eds.): Bears: 1993, Distribution, ecology, use and protection [J]. Moscow Nauka: 420 - 478.

Beltran J, Tewes M, 1995. Immobilisation of ocelots and bobcats with ketamine hydrochloride and xylazine hydrochloride [J]. J Wildl Dis, 31: 43.

Blaskiewitz B, Johann A, 1993. Grossbaren (Ursidae) in Zoologischen Garten Uberlegungen zu Haltung, Pflege and Zucht. Milu, 7: 359 - 377.

Blaskiewitz B, Johann A, 1993. Grossbären (Ursidae) in Zoologischen Görten Überlegungen zu Haltung, Pflege und Zucht [J]. Milu, 7: 359 - 377.

Bloxam Q, 1977. Breeding the Spectacled Bear, Tremarctos ornatus, at Jersey Zoo [J]. Int. Zoo Yb, 17: 59 - 62.

Bloxam Q, 1977. Breeding the Spectacled Bear, Tremarctos ornatus, at Jersey Zoo [J]. IZY. , 17: 59 - 62.

Bloxam Q, 1977. Breeding the Spectacled Bear, Tremarctos ornatus, at Jersey Zoo. Int. Zoo Yb. , 17: 59 - 62.

Blurton R, Reed M, 1991. Continued efforts to properly manage the spectacled bear Tremarcios ornatus results in mother reared cubs at Sedgwick County Zoo and Botanical Garden [J]. In Weinhardt, DL. : International Studbook for the Spectacled Bear (*Tremarcios ornatus*): 67 - 75.

Blurton R, Reed M, 1991. Continued efforts to properly manage the spectacled bear Tremarcios ornatus results in mother reared cubs at Sedgwick County Zoo and Botanical Garden [J]. In Weinhardt, DL. : International Studbook for the Spectacled Bear (*Tremarcios ornatus*) Lincoln Park Zoological Gardens, Chicago: 67 - 75.

Blurton R, Reed M, 1991. Continued efforts to properly manage the spectacled bear *Tremarctos ornatus* results in mother reared cubs at Sedgwick County Zoo and Botanical Garden [J]. In Weinhardt, D. L. : International Studbook for the Spectacled Bear (*Tremarctos ornatus*): 67 - 75.

Boyer W, Bakalar N, Lake C, 1987. Anti cholinergic prophylaxis of acute Haloperidol induced acute dystonic reactions [J]. J Clin Psychopharmacol, 8: 164.

Branson K, Gross M, 1994 Propofol in veterinary medicine [J]. J Am Vet Med Assoc, 204: 1888.

Briickner P, 1989. Neuere Befunde aus Freilanduntersuchungen fiber die Biologie von Grossbaren [J]. Examensarbeit, Universitat Bonn: 56 - 60.

Burt W, Grossenheider D, 1976. A field guide to the mammals [J]. Boston, Houghton

Mifflin: 44 - 89.

Burt W, Grossenheider, 1976. A field guide to the mammals [M]. Boston, Houghton Mifflin.

Calle P, Morris P, 1999. Anaesthesia for Non domestic Suids [D]. In: Fowler ME, Miller RE (eds.): In Zoo and Wild Animal Medicine, ed 4. Philadelphia, WB Saunders: 639 - 646.

Carlstead K, Seidensticker J, 1991. Seasonal variation in stereotypic pacing in an American black bear Ursus americanus [J]. Behavioural Processes, 25: 155 - 161.

Carlstead K, Seidensticker J, Baldwin R, 1991. Environmental Enrichment for Zoo Bears [J]. Zoo Biology, 10: 346.

Cattet M, Caulkett N, Polischuk S, et al, 1999. Anaesthesia of polar bears (*Ursus maritimus*) with zolazepam tiletamine, medetomidine ketamine, and medetomidine zolazepam tiletamine [J]. J Zoo Wildl Med, 30: 354.

Cattet M, Caulkett N, Pollschuk S, et al, 1997. Reversible immobilisation of free ranging polar bears with medetomidine zolazepam tiletamine and atipamezole [J]. J Wildl Dis, 33: 611.

Caulkett N, Cattet M, 1997. Physiological effects of medetomidine zolazepam tiletamine immobilization in black bears [J]. J Wildl Dis, 33: 618.

Caulkett N, Cattet M, Plischuk S, 1996. Comparative cardiopulmonary effects of medetomidine ketamine and Telazol (RT) in polar bears (*Ursus maritimus*) [J]. In: Proceedings of the American Association of Zoo Veterinarians: 394.

Chernyavskiy F, Krechmar A, Krechmar M, 1993. The North of the Far East [J]. In Vaisfeld M. A. &. Chestin LE (eds): Bears: Distribution, ecology, use and protection: 318 - 348.

Chernyavskiy F, Krechmar A, Krechmar M, 1993. The North of the Far East. In Vaisfeld M. A. &. Chestin I. E (eds): Bears: Distribution, ecology, use and protection [J]. Moscow Nauka: 318 - 348.

Chorn J, Hoffmann R, 1978. Ailuropoda melanoleuca [J]. Mammalian Species, 110: 1 - 6.

Chorn J, Hoffmann R, 1978. Ailuropoda melanoleuca [J]. Mammalian Species, 110: 1 - 6.

Clevenger A, Purroy F, Pelton M, 1990. Movement and activity patterns of a European brown bear in the Cantabrian Mountains [J]. Spain. Int. Con. Bear Res. and Manage, 8: 205 - 211.

Clevenger A, Purroy F, Pelton M, 1990. Movement and activity patterns of a European brown bear in the Cantabrian Mountains [J]. Spain. Int. Con. Bear Res. and Manage, 8: 205 - 211.

Craighead J, Mitchell J, 1982. Grizzly bear. In Chapman, J. A. &. Feldhamer, G. A. (eds): Wild mammals of North America, Baltimore [J]. John Hopkins University Press: 515 - 556.

Craighead J, Mitchell J, 1982. Grizzly bear. In Chapman, J. A. &. Feldhamer, G. A.

（eds）：Wild mammals of North America，Baltimore ［J］．John Hopkins University Press：515 – 556．

Danilov P，Tumanov I，Rusakov O，1993．The North – West of European Russia ［J］．In Vaisfeld M. A&. Chestin LE（eds.）：Bears：Distribution，ecology，use and protection，Moscow Nauka：21 – 37．

Danilov P，Tumanov L，Rusakov O，1993．The North – West of European Russia．In. Vaisfeld M. A &. Chestin I. E（eds.）：Bears：Distribution，ecology，use and protection ［J］．Moscow Nauka：21 – 37．

Dathe H，1966．Einige Bemerkungen zur Zucht von Malaienbaren，*Helarctos malayanus*（Raffl.）［J］．Zool. Garten N. F.，32：193 – 198．

Dathe H，1967．Bemerkungen zur Aufzucht von Brillenbaren，*Tremarctos ornatus*（Cuv.），fm Tierpark Berlin ［J］．Zool. Garten N. F.，34：105 – 133．

Dathe H，1985．Zwischenbilanz der Malaienbarenzucht fm Tierpark Berlin ［J］．Milu，6：28 – 36．

Davies G，Payne J，1982．A faunal survey of Sabah，IUCN/WWF Project No. 1692 ［J］．WWF – Malaysia，Kuala Lumpur Malaysia：234 – 567．

Deem S，Citino S，1997．Continuous intra arterial monitoring of blood gases using the paratrend 7（TM）：Applications in non domestic species ［J］．In：Proceedings of the American Association of Zoo Veterinarians：156．

Deem S，Ko J，Citino S，1998．Anaesthetic and cardiorespiratory effects of tiletamine zolazepam medetomidine in cheetahs ［J］．J Am Vet Med Assoc，213：1022．

DeMaster P，Stirling I，1981．Ursus maritimus ［J］．Mammalian Species，145：1 – 7．

DeMaster P，Stirling I，1981．Ursus maritimus ［J］．Mammalian Species，145：1 – 7．

Dittrich L，Kronberger H，1963．Biologisch anatomische Untersuchungen fiber die Fortpflanzungsbiologie des Braunbaren（Ursus arctos L.）and anderer Ursiden in Gefangenschaft ［J］．Z. Saugetierkunde，28：129 – 155．

Dittrich L，von Einsiedel I，1961．Bcmerkungen zur Fortpflanzung and Jugendentwicl lung des Braunbaren（Ursus arctos L.）fm Leipziger Zoo ［J］．Zool. GartenN. F.，25：250 – 269．

Dollinger P，1996．Husbandry and pathology of polar bears（*Thalarctos Maritimu*）in Swiss zoos ［J］．Proceedings of the 1st Scientific meeting of the European Association of Zoo and Wildlife Veterinarians：47 – 54．

Doring B，1992．Etho – okologische Studien am Brillenbaren（*Tremarctos ornalus* Diplornarbeit ［J］．Justus Liebig – Universitat Giessen．

Döring B，1992．Etho – ökologische Studien am Brillenbären（*Tremarctos ornalus*）［J］．Diplornarbeit，Justus Liebig – Universität Giessen：75 – 89．

Eagle T，Pelton M，1983．Seasonal nutrition of black bears in the Great Smoky Mountains

National Park [J]. Int. Con. Bear Res. and Manage, 5: 94 - 101.

Eagle T, Pelton M, 1983. Seasonal nutrition of black bears in the Great Smoky Mountains National Park [J]. Int. Con. Bear Res. and Manage., 5: 94 - 101.

Eck S, 1969. Uber das Verhalten eines fm Dresdener Zoologischen Garten aufgezogenen Brillenbaren (Tremarctos ornatus) [J]. Zool. Garten N. F., 37: 81 - 92.

Egbert A, Stokes A, 1976. The social behaviour of brown bears on an Alaskan salmon stream [J]. Int. Con. Bear Res. Manage, 3: 41 - 56.

Egbert A, Stokes A, 1976. The social behaviour of brown bears on an Alaskan salmon stream [J]. Int. Con. Bear Res. Manage, 3: 41 - 56.

Faust R, 1959. Bericht fiber die Aufzucht and Entwicklung eines isolierten Eisbaren, Thalarctos maritimus (Philipps) [J]. Zool. Garten N. F., 25: 143 - 165.

Fetherstonaugh A, 1940. Some notes on Malayan bears [J]. Malayan Nature Journal, 1: 15 - 22.

Fetherstonaugh A, 1940. Some notes on Malayan bears [J]. Malayan Nature Journal: 15 - 22.

Fischbacher M, Schmid H, 1985, Feeding enrichment and stereotypic behaviour in spectacled bears [J]. Mammalian Species, 65: 31 - 47.

Fischbacher M, Schmid H, 1987. Feeding enrichment and stereotypic behaviour in spectacled bears [J]. Zoological Research, 4: 412 - 438.

Forthman D, Elder S, Bakeman R, et al, 1992. Effects of Feeding Enrichment on Behaviour of Three Species of Captive Bears [J]. Zoo Biology, 11: 187 - 195.

Freiheit C, Crony M, 1969. Hand rearing Kodiak bears, Ursus arctos niddendorffi, at Buffalo Zoo [J]. Int. Zoo Yb., 9: 159 - 160.

Gallagher M, 1995. The Asiatic Black Bear in Captivity [J]. Master Thesis: 72.

Gallagher M, 1995. The Asiatic Black Bear in Captivity [J]. Master Thesis: 72.

Gallagher M, 1995. The Asiatic Black Bear in Captivity [J]. Master Thesis: 72.

Garshelis D, Quigley H, Villarrubia C, 1983. Diel movements of black bears in the southern Appalachians [J]. Int. Con. Bear Res. and Manage, 5: 11 - 19.

Garshelis D, Quigley H, Villarrubia C, et al, 1983. Diel movements of black bears in the southern Appalachians [J]. Int. Con. Bear Res. and Manage, 5: 11 - 19.

Godes C, 1994. Bears and electric fencing: The Bear Protection Center experience, International Conference on Aspects of Bear Conservation [J]. In: Dorrestein G. M &. Kahraman M. M (eds), 55 - 62.

Godes C, 1994. Bears and electric fencing: The Bear Protection Center experience [J]. In: Dorrestein G. M&. Kahraman M. M (eds), International Conference on Aspects of Bear Conservation: 55 - 62.

Goldstein I, 1988. Habitat Use and Diet of Spectacled Bears (Tremarctos ornatus) in Venezuela [J]. In M. Rosenthal (ed): Proceedings of the First International Symposium on the

Spectacled Bear：2 - 16.

Goldstein I，1988. Habitat Use and Diet of Spectacled Bears (*Tremarctos ornatus*) in Vene-zuela [J]. In M. Rosenthal (ed)：Proceedings of the First International Symposium on the Spectacled Bear：2 - 16.

Gonzales B，McDonnel T，1986. The effects of yohimbine on xylazine ketamine anaesthesia in exotic，felidae [J]. In：Proceedings of the American Association of Zoo Veterinarians：142.

Gorgas M，1972. Zur Fortpflanzungsbiologie des Eisbaren im natiirlichen Verbreitungs gebiet and im Zoo [J]. Zeitschrift des Kolner Zoo，15：3 - 12.

Gorgas M，1993. Handbuch der Saugetiere Europas，Bd. 5，Teil 1 [J]. In Stubbe，M. & Krapp，F. (eds)，Wiesbaden，Aula：301 - 330.

Gorgas M，1993. Ursus (*Thalarctos*) maritirnus (Phipps，1774)，Bd. 5，Teil 1 [J]. In Stubbe，M. & Krapp，F (eds)：Handbuch der Saugetiere Europas，Wiesbaden，Aula：301 - 330.

Greenwood A，1992. Management Guidelines for Bears and Racoons [J]. publ. by the "Association of the British Wild Animal Keepers"；15 - 169.

Grosenbaugh D，Wack R，Alben J，et al，1997. Absorbance spectra of feline haemoglobins in the visible and near infrared [J]. In：Proceedings of the American Association of Zoo Veterinarians：143.

Haigh J，1978. Freeze dried ketamine & rompun for use in exotic species [J]. In：Proceedings of the American Association of Zoo Veterinarians：21.

Haigh J，Hopf H，1976. The Blowgun in Veterinary Practice：Its Uses and Preparation [J]. J Am Vet Med Assoc，169：881.

Haigh J，Latour S，1988. A domestic dog as foster mother for an American black bear cub，Ursus americanus [J]. Int. Zoo Yb.，22：262 - 263.

Haigh J，Stirling I，Broughton E，1985. Immobilisation of polar bears (*Ursus maritimus Phipps*) with a mixture of Tilitamine hydrochloride and zolazepam hydrochloride [J]. J Wildl Dis，21：43.

Hansson R，Thomassen J，1983. Behaviour of polar bears with cubs in the denning area [J]. Int Con. Bear Res. and Manage，5：246 - 254.

Hansson R，Thomassen J，1983. Behaviour of polar bears with cubs in the denning area [J]. Int. Conf. Bear Res. and Man.，5：246 - 254.

Hansson R，Thomassen J，1983. Behaviour of polar bears with cubs in the denning area [J]. Int. Con. Bear Res. and Manage，5：246 - 254.

Harrison D，1968. The mammals of Arabia，vol. 2 [M]. London，Benn.

Harrison D，1968. The mammals of Arabia [J]. London，Benn，2：12 - 33.

Heard D，1993. Principles and techniques of anaesthesia and analgesia for exotic practice [J].

Vet Clin North Am (Small Anim Pract), 23: 1301.

Hellgren E, Vaughan M, 1989. Denning ecology of black bears in a southeastern wetland [J]. J. Wild. Manage, 53: 347 - 353.

Hellgren E, Vaughan M, 1989. Denning ecology of black bears in a southeastern [J]. wetland. J. Wild. Manage. , 53: 347 - 353.

Hellgren E, Vaughan M, Gwazdauskas F, et al, 1990. Endocrine and electrophoretic profiles during pregancy and nonpregnancy in captive female black bears [J]. Can. J. Zool. , 69: 892 - 898.

Herbst L, Packer C, Seal U, 1985. Immobilisation of free ranging African lions (*Panthera leo*) with a combination of xylazine hydrochloride and ketamine hydrochloride [J]. J Wildl Dis, 21: 401.

Herrero S, 1983. Social behaviour of black bears at a garbage dump in Jasper National Park [J]. Int. Con. Bear Res. and Manage, 5: 54 - 70.

Herrero S, 1983. Social behaviour of black bears at a garbage dump in Jasper National Park [J]. Int. Con. Bear Res. and Manage. , 5: 54 - 70.

Herrero S, 1993. Karen - Jager and Gejagte in Amerikas Wildnis [M]. Muller Ruschlikon Verlags AG, Cham.

Herrero S, 1993. Karen - Jager und Gejagte in Amerikas Wildnis [M]. Müller Rüschlikon Verlags AG, Cham.

Hess J, 1971. Hand rearing polar bear cubs, Thalarctos maritimiis, at St. Paul Zoo [J]. Int. Zoo Yb, 22: 262 - 263.

Huber D, 1996. Bears in Zagreb [D]. In. Koene, P. (ed.): Large bear enclosures, International Bear Foundation: 33 - 36.

Huber D, 1996. Bears in Zagreb [J]. in Koene P. (ed): Large bear enclosures, International Bear Foundation, Rhenen: 33 - 36.

Huber D, 1996. Bears in Zagreb [J]. International Bear Foundation, Rhenen, in Koene P. (ed): Large bear enclosures: 33 - 36.

Hughes D, OiGrady R, 1994. Bears: their status, conservation and welfare in captivity [M]. Zoological Society of Glasgow and the West of Scotland.

Hughes D, OiGrady R, 1994. Bears: their status, conservation and welfare in captivity [J]. Zoological Society of Glasgow and the West of Scotland: 67 - 78.

Hulley J, 1976. Hand rearing American black bear cubs, Ursus americanus, at Toronto Zoo [J]. Int. Zoo Yb. , 16: 202 - 205.

Hutzelsieder H, 1940. Eine Malaienbarengeburt im Zoo Aarhus [J]. Zool. Garten N. F. , 12: 157 - 161.

Jakubiec Z, 1993. Ursus arctos Linnaeus, 1758 - Braunbar. in Stubbe, M. &Krapp, F. (eds): Handbuch der Saugetiere Europas, Bd. 5, Teil 1 [J]. Wiesbaden, Aula: 254 - 300.

Jakubiec Z, 1993. Ursus arctos Linnaeus, 175 – Braunbär. Handbuch der Säugetiere Europas, Bd. 5 [J]. in Stubbe, M. &. Krapp, F. (eds), Wiesbaden, Aula, 1: 254 – 300.

Jalanka H, 1987. Clinical pharmacological properties of a new sedative medetomidine～ and its antagonist, MPV 1248 [J]. In: Proceedings of the American Association of Zoo Veterinarians: 530.

Jalanka H, 1989. Evaluation and comparison of two ketamine based immobilisation techniques in snow leopards (*Panthera uncia*) [J]. J Zoo Anim Med, 20: 163.

Jalanka H, 1989. Medetomidine and ketamine induced immobilisation of snow leopards (*Panthera uncia*) [J]. J Zoo Anim Med, 20: 154.

Jalanka H, Roeken O, 1990. The use of medetomidine, medetomidine ketamine combinations, and atipamezole in non domestic mammals: a review [J]. J Zoo Wildl Med, 21: 259.

Jonkel C, Kolenosky G, Robertson R, et al, 1972. Further notes on polar bear denning habits. In. Herrero, S. (ed.): Bears ～ Their Biology and Management [J]. IUCN, No. 23, Morges, Switzerland: 142 – 158.

Jonkel C, M Kolenosky G, Robertson R, 1972. Further notes on polar bear denning habits [J]. In Herrero, S. (ed.): Bears – Their Biology and Management: 142 – 158.

Jonkel C, Robertson R, Russell R, 1972. Further notes on polar bear denning habits [J]. In. Herrero, S. (ed.): Bears – Their Biology and Management. IUCN, No. 23, Morges, Switzerland: 142 – 158.

Joshi A, Garshelis D, Smith J, 1995. Home ranges of sloth bears in Nepal: Implications for conservation [J]. J. Wildi. Manage: 59: 204 – 214.

Joshi A, Garshelis D, Smith J, 1995. Home ranges of sloth bears in Nepal: Implications for conservation [J]. J. Wildi. Manage. , 59: 204 – 214.

Joshi A, Garshelis D, Smith J, 1995. Home ranges of sloth bears in Nepal: Implications for conservation [J]. J. Wildl. Manage, 59: 204 – 214.

Judd S, Knight R, Blanchard B, 1986. Denning of grizzly bears in the Yellowstone National Park [J]. Int. Con. Bear Res. and Manage, 6: 111 – 117.

Judd S, Knight R, Blanchard B, 1986. Denning of grizzly bears in the Yellowstone National Park. Int. Con. Bear Res. and Manage. , 6: 111 – 117.

Keulen – Kromhout G, 1978. Zoo enclosures for bears Ursidae: Their influence on captive behaviour and reproduction [J]. Int. Zoo Yb, 18: 177 – 186.

Keulen – Kromhout G, 1978. Zoo enclosures for bears Ursidae: Their influence on captive behaviour and reproduction [J]. Int. Zoo Yb. , 18: 177 – 186.

Kleiman D, Allen M, Thompson K, 1996. Effects of Captivity on the Behaviour of Wild Mammals [J]. In. Wild Mammals in Captivity, 31: 325.

Klein L, Klide A, 1989. Central Alpha 2 Adrenergic and Benzodiazepine Agonists and Their

Antagonists [J]. J Zoo Wildl Med, 20: 138.

Klein L, Stover J, 1993. Medetomidine ketamine isoflurane anaesthesia in captive cheetah (*Acinonyx jubatus*) and antagonism with atipamezole [J]. In: Proceedings of the American Association of Zoo Veterinarians: 144.

Klide A, 1970. Practical aspects of chemical restraint and anaesthesia for zoo veterinarians [J]. In Proceedings of the American Association of Zoo Veterinarians: 78.

Klos H, 1974. New bear exhibit in the West Berlin Zoo [J]. Int. Zoo Yb. , 14: 223 - 225.

Klös H, 1974. New bear exhibit in the West Berlin Zoo [J]. Int. Zoo Yb, 14: 223 - 225.

Knudsen B, 1978. Time budgets of polar bears (*Ursus maritimus*) on North Twin Island, James Bay, during summer [J]. Can. J. Zool. , 56: 1627 - 1628.

Knudsen B, 1978. Time budgets of polar bears (*Ursus maritimus*) on North Twin Island, James Bay, during summer [J]. Can. J. Zool. , 56: 1627 - 1628.

Koene P, 1996. Large Bear Enclosures [J]. An International Workshop on Captive Bear Management, Ouwehands Zoo Rhenen, The Netherlands, 6: 18 - 20.

Koene P, 1996. Large Bear Enclosures [J]. An International Workshop on Captive Bear Management, Ouwehands Zoo, Rhenen, The Netherlands, 6: 18 - 20.

Kolenos G, 1987. Polar bear. In Novak, M; Baker, J. A; Obbard, M. E. &.Malloch, B. (eds): Wild fur bearer management and conservation in North America [J]. Ontario: Ministry of Natural Resources: 475 - 485.

Kolenosky G, 1987. Polar bear. In Novak, M. ; Baker, J. A. ; Obbard, M. E. &. Malloch, B. (eds): Wild fur bearer management and conservation in North America [J]. Ontario: Ministry of Natural Resources: 475 - 485.

Kolenosky G, Strathearn S, 1987. Black bear. In Novak, M; Baker, J. A; Obbard, M. E. &. Malloch, B. (eds): Wild fur bearer management and conservation in North America [J]. Ontario: Ministry of Natural Resources, 443 - 454.

Kolenosky G, Strathearn S, 1987. Black bear. In Novak, M. ; Baker, J. A. ; Obbard, M. E. &. Malloch, B. (eds): Wild fur bearer management and conservation in North America [J]. Ontario: Ministry of Natural Resources, 443 - 454.

Kolenosky G, Strathearn S, 1987. Winter denning of black bears in east - central Ontario [J]. Int. Con. Bear Res. and Manage. , 5: 71 - 78.

Kolenosky G, Strathearn S, 1987. Winter denning of black bears in east - centralOntario [J]. Int. Con. Bear Res. and Manage, 5: 71 - 78.

Kolter L, 1991. Contraception: an overview of techniques [D]. In: Brouwer K. , Smiths S. &.de Boer L. E. M. (eds.) EEP Yearbook: 200 - 205.

Kolter L, 1995. Reproduction. In European regional studbook of the sun bear [J]. Zoo Koln: 26 - 27.

Kolter L, Zander R, 1997. Potential and limitations of environmental enrichment in managing behavioural problems of polar bears [J]. Proceedings 2nd Con. Env. Enrich, Copenhagen: 131 - 140.

Kolter L, Zander R, 1997. Potential and limitations of environmental enrichment in managing behavioural problems of polar bears [J]. Proceedings 2nd Con. Env. Enrich, Copenhagen: 131 - 140.

Kolter L, Zander R. 1997. Potential and limitations of environmental enrichment in managing behavioural problems of polar bears [J]. Proceedings 2nd Con# Environ. Enrich. : 131 - 140.

Krause J, 1992. Eine Futterroute fiir Brillenbaren [M]. Diplomarbeit, Universitat Zurich.

Kromhout G, 1978. Zoo enclosures for bears, Ursidae: their influence on captive behaviour and reproduction [J]. Int. Zoo Yb. , 16: 202 - 205.

Kudaktin A, Chestin I, 1993. The Caucasus. In. Vaisfeld M. A &. Chestin I. E (eds.): Bears: Distribution, ecology, use and protection [J]. Moscow Nauka: 136 - 170.

Kudaktin A, Chestin L, 1993. The Caucasus. In. Vaisfeld M. A&. Chestin LE (eds.): Bears: Distribution, ecology, use and protection [J]. Moscow Nauka: 136 - 170.

Kuhme W, 1990. Beobachtungen zur Fortpflanzungsbiologie des Malaienbaren *Helarctos malayanus* im Vergleich zum Brillenbaren (*Tremarctos Ornatus*) [J]. Zool. Garten N. F. , 60: 263 - 284.

Kuhme W, 1991. Haltung and Fortpflanzung von Brillenbaren (*Tremarctos ornatus*) im Kolner Zoo [J]. Zool. Garten N. F, 44: 29 - 47.

Kuhme W, 1991. Haltung and Fortpflanzung von Brillenbaren (*Tremarctos Ornatus*) im Kolner Zoo [J]. Zool. Garten N. F. , 61: 29 - 47.

Kühme W, 1991. Haltung und Fortpflanzung von Brillenbären (*Tremarctos ornatus*) im Kölner Zoo [J]. Zool. Garten N. F. , 44: 29 - 47.

Langenhorst T, 1996. Das Verhalten mi Zoo lebender Braunbaren (*Ursus arctos*) in ether Haltung mit Behavioural - Enrichment - Programm [J]. Diplomarbeit, Universitat Salzburg: 89 - 102.

Larsson H, 1994. Management of brown bears in large enclosures [J]. In: G. M. Dorrestein &. MM. Kahraman eds. , International Conference on Aspects of Bear Conservation. Bursa, Turkey: 43 - 54.

Larsson H, 1994. Management of brown bears in large enclosures [J]. In: G. M. Dorrestein&. MM. Kahraman eds, International Conference on Aspects of Bear Conservation, Bursa, Turkey: 43 - 54.

Larsson H, 1996. Large Bear Enclosure Projects in Norway [J]. In P. Koene (ed.) Large bear enclosures, International Bear Foundation, Rhenen: 23 - 24.

Larsson H, 1996. Large Bear Enclosure Projects in Norway [J]. In P. Koene (ed.) Large bear enclosures, International Bear Foundation, Rhenen: 23 - 24.

Laule G, 1992. Addressing Psychological Well - bdint: Training as an Enrichment [J]. Active Environments Inc. The shape of Enrichment，1：2.

Laule G，Whitaker M，Whitaker，1998. The use of Positive Reinforcement Techniques in the Medical Management of Captive Animals [J]. Proceedings AAZV&.AAWV joint conference：112 – 130.

Laule G. ，Desmond T，1993. Positive Reinforcement Training as an Enrichment Strategy [J]. 1st Environmental Enrichment Conference：140 – 158.

Laurie A，Seidensticker J，1977. Behavioural ecology of the sloth bear (*Meiursus ursinus*) [J]. J Zool. ，Lond. ，182：187 – 204.

Laurie A，Seidensticker J，1977. Behavioural ecology of the sloth bear (*Meiursus ursinus*) [J]. J. Zool. ，Lond. ，182：187 – 204.

Law G，Boyle H，Macdonald A. ，et al，1992. The Asiatic black bear. In Partridge, J. (ed). Management guidelines for bears and raccoons [J]. Association of British Wild Animal Keepers：46 – 58.

LeCount A，1983. Denning ecology of black bears in central Arizona [J]. Int. Con. Bear Res. and Manage，5：71 – 78.

LeCount A，1983. Denning ecology of black bears in central Arizona [J]. Int. Con. Bear Res. and Manage. ，5：71 – 78.

Lee J，Schweinsburg R，Kernan F，et al，1981. Immobilisation of polar bears (*Ursus maritimus*，*Phipps*) with ketamine hydrochloride and xylazine hydrochloride [J]. J Wildl Dis，17：331 – 1981.

Lekagul B，McNeely J，1977. Mammals of Thailand [M]. Bangkok，Association for Conservation of Wildlife.

Lentfer J，1982. Polar bear. In Chapman，J. A. &. Feidhamer，G. A. (eds)：Wild mammals of North America [J]. Baltimore，John Hopkins University Press：557 – 566.

Lentfer J，1982. Polarbear. In Chapman，J. A. &.Feidhamer，G. A. (eds)：Wild mammals of North America [J]. Baltimore，John Hopkins University Press：557 – 566.

Lentfer J，Hensel R，1980. Alaskan polar bear denning [J]. Int. Con. Bear Res. and Manage. ，4：101 – 108.

Lentfer J，Hensel R，1980. Alaskan polar bear denning [J]. Int. Con. Bear Res. And Manage. ，4：101 – 108.

Li X，Yiqing M，Zhongxin G，1994. Characteristics of dens and selection of denning habitat for bears in the south Xiaoxinganling Mountains，China [J]. Int. Con. Bear Res. And Manage. ，9：357 – 362.

Li X，Yiqing M，Zhongxin G，1994. Characteristics of dens and selection of denning habitat for bears in the south Xiaoxinganling Mountains [J]. China，Int. Con. Bear Res. And Manage. ，9：357 – 362.

Lin F，Yang Y，Zhang Y，1998. Molecular cloning and sequence of the coding region of brain derived neurotrophic factor (BDNF) gene from Helarctos malayanus [J]. Acta Zoologica Sinica, 44 (1): 102 - 106.

Linke K, 1990. Handaufzucht eines Eisbaren (*Thalarctos maritimuim*) Zoologischen Garten Rostock [J]. Zoo Rostock: 45 - 66.

Linke K, 1994. Breeding in European Zoological Gardens between 1984 and 1994 [J]. International Studbook of the Polar bear: 18 - 19.

Linke K, 1994. Cause of Death. International Studbook of the Polar bear [J]. Rostock Zoo: 33 - 58.

Logan K, Thorne E, Irwin L, et al, 1986. Immobilising wild mountain lions (*Felis concolor*) with ketamine hydrochloride and xylazine hydrochloride [J]. J Wildl Dis, 22: 97.

Loskutov A, Pavlov M, Puchkovskiy S, 1993. The Volga - Kama region. In. Vaisfeld M. A &. Chestin I. E (eds.): Bears: Distribution, ecology, use and protection [J]. Moscow Nauka, 9: 11 - 35.

Loskutov A, Pavlov M, Puchkovskiy S, 1993. The Volga - Kama region. In. Vaisfeld M. A. &. Chestin LE (eds.): Bears: Distribution, ecology, use and protection [J]. Moscow Nauka, 911: 35.

Macdonald D, 1984. The encyclopaedia of Mammals vol 1 [M]. London, Unwin and Allen.

Macdonald D, 1992. The encyclopaedia of Mammals vol 1 [M]. London, Unwin and Allen.

Macdonald D, Barren P, 1993. Mammals of Britain and Europe [M]. London, Harper Collins.

Macdonald D, Barrett P, 1993. Mammals of Britain and Europe [J]. London, Harper Collins: 234 - 322.

Mainka S, Tingmei H, 1993. Immobilisation of healthy male giant pandas (*Ailuropoda melanoleuca*) at the Wolong Nature Preserve [J]. J Zoo Wildl Med, 24: 430.

McCusker J, 1974. Breeding Malayan Sun bears, Helarctos malayanus, at Fort Worth Zoo [J]. Int. Zoo Yb. , 14: 118 - 119.

McCusker J, 1974. Breeding Malayan Sun bears, Helarctos malayanus, at Fort Worth Zoo [J]. Int. Zoo Yb. , 14: 118 - 119.

McCusker J, 1974. Breeding Malayan sun bears, Helarctos malayanus, at Fort Worth Zoo [J]. Int. ZooYb. , 14: 118 - 119.

McDonald T, 1989. Breeding spectacled bears at the Calgary Zoo [J]. Proceedings of the First International Symposium on the Spectacled Bear: 178 - 187.

Medway L, 1978. The wild mammals of Malaya [M]. 2nd edition, Oxford, Oxford University Press.

Medway Lord, 1978. The wild mammals of Malaya, 2nd edition [M]. Oxford, Oxford University Press.

Meijaard E, 1999. Ursus (Helarctos) malayanus, the neglected malayan sun bear. Netherland Commission for international Nature Protection [J]. Mededelingen, 34: 62 – 63.

Meyer – Holzapfel M, 1968. Zur Bedeutung verschiedener Holz and Laubarten fiir den Braunbaren [J]. Zool. Garten N. F, 36: 12 – 33.

Michalowski D, 1971. Hand rearing a Polar bear cub, Thalarctos maritimus at Rochester Zoo [J]. Int. Zoo Yb. , 11: 107 – 109.

MiillerP, 1989. Observations on behaviour and reproductive biology in spectacled bears, Tremarctos ornatus (F. Cuvier 1825), at the Leipzig Zoological Garden [J]. Proceedings of the First International Symposium on the Spectacled Bear: 209 – 220.

Miiller P, 1988. Beobachtungen zur Fortpflanzungsbiologie von Brillenbaren, Tremarctos ornatus (F. Cuvier, 1825), im Zoologischen Garten Leipzig [J]. Zool. Garten N. F. , 58: 9 – 21.

Mollohan C, 1987. Characteristics of adult female black bear daybeds in Northern Arizona [J]. Int. Con. Bear Res. , and Manage. , 7: 145 – 149.

Mondolfi E, 1989. Notes on the distribution, habitat, food habits, status and conservation of the Spectacled bear (*Treinarctos ornatus Cuvier*) in Venezuela [J]. Mammalia, 53: 525 – 544.

Mondolfi E, 1989. Notes on the distribution, habitat, food habits, status and conservation ofthe Spectacled bear (*Treinarctos ornatus Cuvie*r) in Venezuela [J]. Mammalia, 53: 525 – 544.

Mordosov I, 1993. Yakutia. In. Vaisfeld M. A &. Chestin I. E (eds.): Bears: Distribution, ecology, use and protection [J]. Moscow Nauka: 301 – 318.

Morris R, Morris D, 1981. The giant panda [M]. Revised by Barzdo J; London, Papermac.

Morris R, Morris D, 1981. The giant panda [M]. Revised by Barzdo, J. ; London, Papermac.

Mysterud I, 1983. Characteristics of summer beds of European brown bears in Norway [J]. Int Con. Bear Res. and Manage. , 5: 208 – 222.

Müller P, 1989. Observations on behaviour and reproductive biology in spectacled bears, Tremarctos ornatus (F. Cuvier 1825), at the Leipzig Zoological Garden [J]. Proceedings of the First International Symposium on the Spectacled Bear: 209 – 220.

Nowak R, 1991. Walker's mammals of the world, Vol. 2 [M]. Baltimore and London, John Hopkins University Press.

Nowak R, 1991. Walker's mammals of the world. Vol. 2 [M]. Baltimore and London, John Hopkins University Press.

Noyce K, Garshelis D, 1995. Body size and blood characteristics as indicators of condition and reproductive performance in black bears [J]. Int. Conf. Bear Res. and Manage. , 9: 481 – 496.

Nunley L, 1977. Successful rearing of Polar bears, Thalarctos maritimus, at Tulsa Zoo [J]. Int Zoo Yb. , 17: 161 - 163.

Nunley L, 1977. Successful rearing of Polar bears [J]. Thalarctos maritimus at Tulsa Zoo, Int. , Zoo Yb. , 17: 161 - 166.

Ofri R, Horowitz IH, Jacobson S, et al, 1997. Tear Production in Lions (Panthera leo): The Effect of Two Anaesthetic Protocols [J]. Vet Compar Ophthal, 7: 173.

Ognev S, 1962. Mammals of eastern Europe and northern Asia [M]. Vol. 1 l. Jerusalem, Israel Program for Scientific Translations.

Ognev S, 1962. Mammals of eastern Europe and northern Asia. Vol. 11 [M]. Jerusalem, Israel Program for Scientific Translations.

Onuma M, Suzuki M, Ohtaishi N, 2001. Reproductive pattern of the sun bear (Helarctos malayanus) in Sarawak, Malaysia [J]. Theriogenology, 63 (3): 293 - 297.

Oritsland N, 1970. Temperature regulation of the polar bear (Thalarctos maritimus) [J]. Comp. Biochern. Physiol. , 37: 225 - 233.

O'Grady R, Law G, Boyle H, et al, 1989. Himalayan Black Bear Selenarctos thibetanus Exhibit at Glasgow Zoo [J]. Int. Zoo Yb. , 29: 233 - 240.

Parker S, 1982. Grzimek's encyclopaedia of mammals. Vol. 3 [M]. New York, McGraw - Hill.

Parker S, 1998. Grzimek's encyclopaedia of mammals Vol. 3 [M]. New York, McGraw - Hill.

Partridge J, 1992. Management guidelines for bears and racoons [J]. The Association of British Wild Animal Keepers: 62 - 78.

Partridge J, 1992. Management guidelines for bears and racoons [M]. The Association of British Wild Animal Keepers, Bristol, UK.

Payne J, Francis C, Phillipps K, 1985. Mammals of Borneo [M]. Kota Kinabalu and Kuala Lumpur, Sabah Society and World Wildlife Fund, Malaysia.

Payne J, Francis C, Phillipps K, 1985. Mammals of Borneo [M]. Kota Kinabalu and Kuala Lumpur, Sabah Society and World Wildlife Fund, Malaysia.

Pazethnov V, 1993. The Centre of European Russia [J]. In Vaisfeld M. A. &. Chestin I. E. (eds.): Bears: Distribution, ecology, use and protection. Moscow Nauka: 51 - 60.

Pazethnov V, 1993. The Centre of European Russia. In Vaisfeld M. A. &.Chestin LE. (eds.): Bears: Distribution, ecology, use and protection [J]. Moscow Nauka: 51 - 60.

Peel R, Price J, Karsten P, 1979. Mother rearing of a Spectacled bear cub, Tremarctos ornatus, at Calgary Zoo [J]. International Zoo Yearbook, 19: 177 - 182.

Peel R, Price J, Karsten R, 1979. Mother - rearing of a Spectacled bear cub, Tremarctos ornatus, at Calgary Zoo [J]. Int. Zoo Yb. , 19: 63 - 68.

Pelton M, 1982. Black bear. In. Chapman, J. A. &. Feldhamer, G. A. (eds): Wild mammals of North America [J]. Baltimore, John Hopkins University Press: 504 - 514.

Petzinna G, 1990. Neuere Freilanduntersuchungen zur Biologie der Eisbaren [J]. Examensarbeit, Universitat Bonn: 19 – 28.

Peyton B, 1980. Ecology, distribution, and food habits of Spectacled Bears [J]. Tremarctos ornatus, in Peru. J. Mamm, 61: 639 – 652.

Peyton B, 1987. Habitat components of the spectacled bear in Machu Picchu, Peru [J]. Int. Con. Bear Res. and Manage. , 7: 127 – 133.

Peyton B, 1987. Habitat components of the spectacled bear in Machu Picchu, Peru. Int [J]. Con. Bear Res. and Manage. , 7: 127 – 133.

Peyton B, 1988. The Ecology of Conservation: A Case for an Ecosystem Approach [D]. In M. Rosenthal (ed): Proceedings of the First International Symposium on the Spectacled Bear: 74 – 92.

Peyton B, 1988. The Ecology of Conservation: A Case for an Ecosystem Approach [J]. In M Rosenthal (ed): Proceedings of the First International Symposium on the Spectacled Bear: 74 – 92.

Pocock R, 1941. The Fauna of British India including Ceylon and Burma Mammalia, Vol. 11 [M]. London, Taylor and Francis.

Pocock R, 1941. The Fauna of British India including Ceylon and Burma [J]. Mammalia,

Poole T, 1997. Identifying the behavioural needs of zoo mammals and providing appropriate captive environments [J]. Ratel, 24: 200 – 211.

Prater S, 1971. 3rd edition. Bombay and Oxford, Bombay Natural History Society and Oxford University Press [M]. The book of Indian mammals.

Prater S, 1971. The book of Indian mammals [M]. 3rd edition. Bombay and Oxford, Bombay Natural History Society and Oxford University Press.

Pryer K, 1985. Don't Shoot the Dog [M]. Bantom Books: 322 – 435.

Puschmann W, Zootierhaltung B, Saugetiere R, 1969. Hand rearing Kodiak bears, Ursus arctos middendor, at Houston Zoo [J]. Int. Zoo Yb, 9: 160 – 163.

Qing F, Yingxiang W, 1991. Studies on Malayan sun bear *Helarctos Malayanus* in artificial rearing (abstr) [J]. Acta Theriologica Sinica, 11: 81 – 86.

Rahn P, 1986. Uber die Haltung der Lippenbaren (*Helursus ursinus*) and cine Handaufzucht Zool [J]. Garten N F, 65: 33 – 42.

Ramsay M, Stirling I, Knutsen L, et al, 1985. Use of yohimbine hydrochloride to reverse immobilisation of polar bears by ketamine hydrochloride and xylazine hydrochloride [J]. J Wildl Dis, 21: 396.

Rarnsay M, 1993. Cycles of feasting and fasting. In Stirling I. (ed): Bears ～A Complete Guide to Every Species [J]. Harper Collins Pub. London: 62 – 69.

Rarnsay M, 1993. Cycles of feasting and fasting. In Stirling L (ed): Bears – A Complete Guide to Every Species [J]. Harper Collins Pub. London: 62 – 69.

Rau B, Hegel G, von Wiesner H, 1987. The polarium at Munich Zoo [J]. Int. Zoo Yb. , 26: 146 - 153.

Rau B, Hegel G, von Wiesner H, 1987. The polarium at Munich Zoo [J]. Int. Zoo Yb. , 26: 146 - 153.

Rau B, von Hegel G, Wiesner H, 1987. The polarium at Munich zoo [J]. Int. Zoo Yb, 26: 146 - 153.

Reid D, 1993. The Asiatic Black Bear In Stirling L (ed): Bears - A Complete Guide to Every Species [J]. Harper Collins Pub: 118 - 123.

Reid D, 1993. The Asiatic Black Bear. In Stirling I. (ed): Bears - A Complete Guide to Every Species [J]. Harper Collins Pub. London: 118 - 123.

Revenko A, 1993. Kamchatka. In. . Vaisfeld M. A&. Chestin LE (eds.): Bears: Distribution, ecology, use and protection [J]. Moscow Nauka: 380 - 403.

Revenko 1, 1993. Kamchatka. In. Vaisfeld M. A &. Chestin I. E (eds.): Bears: Distribution, ecology, use and protection [J]. Moscow Nauka: 380 - 403.

Richter N, 1983. Lyophilization of ketamine hydrochloride to increase concentration [J]. In: Proceedings of the American Association of Zoo Veterinarians: 4.

Robert M, Gittlema J, 1984. Ailurus fulgens [J]. Mammalian Species, 222: 1 - 8.

Robert M, Gittleman J, 1984. Ailurus [J]. fulgens, Mammalian Species, 222: 1 - 8.

Roberts T, 1977. The mammals of Pakistan [M]. London, Benn.

Roberts T, 1977. The mammals of Pakistanp [M]. London, Benn.

Roeken B, 1987. Medetomidine in zoo animal anaesthesia [J]. In: Proceedings of the American Association of Zoo Veterinarians: 535.

Roken B, 1981. Kiinstliche Aufzucht eines neugeborenen Eisbaren ZThalarctos maritimus Philipps 1774 in Kolmardens urpark [J]. Zool. Garten NF, 51: 119 - 122.

Roth H, 1964. Ein Beitrag zur Kenntnis von Tremarctos ornatus (Cuvier). Zool, Garten NF. , 29: 107 - 129.

Roth H, 1983. Diel activity of a remnant population of European brown bears [J]. Int. Con. Bear Res. and Manage. , 5: 223 - 229.

Roth H, 1983. Diel activity of a remnant population of European brown bears [J]. Int. Con. Bear Res. and Manage. , 5: 223 - 229.

Schaller G, Hu Jinchu, Pan Wenshi, 1985. The giant pandas of Wolong [M]. Chicago, University of Chicago Press: 443 - 465.

Schaller G, Hu Jinchu, Pan Wenshi, et al, 1985. The giant pandas of Wolong. Chicago [M]. University of Chicago Press.

Schaller G, Tang Qitao, Johnson K, et al, 1989. Feeding ecology of giant pandas and Asiatic black bears [J]. In Gittleman, J. L. (ed): Carnivore behaviour, ecology and evolution: 212 - 241.

Schaller G, Tang Qitao, Johnson K, et al, 1989. Feeding ecology of giant pandas and Asiatic black bears [J]. In Gittleman, J. L. (ed): Carnivore behaviour, ecology and evolution. . London, Chapman & Hall: 212 - 241.

Seal U, Armstrong D, Simmons L, 1987. Yohimbine Hydrochloride reversal of ketamine hydrochloride and xylazine hydrochloride immobilisation of Bengal tigers and effects on haematology and serum chemistries [J]. J Wildl Dis, 23: 296.

Sedgwick C, Robinson P, 1973. Immobilisation of a polar bear (*Thalarctos maritimus*) with ketamine HCI [J]. J Zoo Anim Med, 4: 27.

Seidensticker J, 1993. The slothbear. In: Sterling, L: Bears, A complete guide to every species [J]. London, Harper Collins: 128 - 133.

Servheen C, Klaver R, 1983. Grizzly bear dens and denning activity in the Mission and Rattlesnake Mountains, Montana [J]. Int. Con. Bear Res. and Manage. , 5: 201 - 207.

Servheen C, Klaver R, 1983. Grizzly bear dens and denning activity in the Mission and Rattlesnake Mountains, Montana [J]. Int. Con. Bear Res. and Manage. , 5: 201 - 207.

Short C, Bufalari A, 1999. Propofol anaesthesia [M]. Vet Clin North Am (Small Anim Pract) 29: 747.

Shubin N, 1993. The Western Siberia, In Vaisfeld M. A & Chestin I. E. (eds.): Bears: Distribution, ecology, use and protection [J]. Moscow Nauka: 206 - 214.

Shubin N, 1993. The Western Siberia, In Vaisfeld M. A&Chestin LE. (eds.): Bears: Distribution, ecology, use and protection [J]. Moscow Nauka: 206 - 214.

Slobodyan A, 1993. Ukraine. In. Vaisfeld M. A & Chestin I. E. (eds.): Bears: Distribution, ecology, use and protection [J]. Moscow Nauka: 67 - 91.

Slobodyan A, 1993. Ukraine. In. Vaisfeld M. A&Chestin LE. (eds.). Bears: istribution, ecology, use and protection [J]. Moscow Nauka: 67 - 91.

Sobanskiy G, Zavatzkiy B, 1993. The Altai and Sayans [J]. In. Vaisfeld MA&. Chestin LE (eds.): Bears: Distribution, ecology, use and protection: 214 - 249.

Sobanskiy G, Zavatzkiy B, 1993. The Altai and Sayans. In. Vaisfeld MA &. Chestin I. E (eds.): Bears: Distribution, ecology, use and protection [J]. Moscow Nauka: 214 - 249.

Srnith M, Hechtel J, Follmann E, 1994. Black bear denning ecology in interior Alaska [J]. Int. Con. Bear Res. and Manage. , 9: 513 - 522.

Srnith M, Hechtel J, Follmann E, 1994. Black bear denning ecology in interior Alaska [J]. Int. Con. Bear Res. and Manage. , 9: 513 - 522.

Steffen M, 1996. Sozialverhalten and Raum - Struktur - Nutzung von Malaienbaren (*Helarctos malayanus*) in Abhangigkeit von der Gruppenzusammensetzung [J]. Diplomarbeit, Universitat Koln: 145 - 160.

Steffen M, 1996. Sozialverhalten und Raum - Struktur - Nutzung von Malaienbären (*Helarctos malayanus*) in Abhängigkeit von der Gruppenzusammensetzung [M]. Diplomarbeit,

Universität Köln.

Steinemann P，1966. Kiinstliche Aufzucht eines Eisbaren ［J］. Zool. Garten N. F，32：128－129.

Stirling I，1974. Midsummer observation on the behaviour of wild polar bears （*Ursus mariti-mus*） ［J］. Can. J. Zool. ，52：1191－1198.

Stirling I，1974. Midsummer observation on the behaviour of wild polar bears （*Ursus mariti-mus*） ［J］. Can. J. Zool. ，52：1191－1198.

Stirling I，1990. The polar bear ［J］. Blandford press，London：1130－1145.

Stirling I，1990. The polar bear ［J］. Blanford Press：15－18.

Stirling I，1990. The polar bear ［M］. Blandford press，London.

Stirling I，1993. Bears. A complete guide to every species ［J］. London. Harper Collins：105－128.

Stirling I，1993. Bears. A complete guide to every species ［M］. London. Harper Collins.

Stirling I，Derocher A，1990. Factors affecting the evolution and behavioural ecology of the modern bears ［J］. Int. Conf Bear Res. and Manage. ，8：189－204.

Stirling I，Derocher A，1990. Factors affecting the evolution and behavioural ecology of the modern bears ［J］. Int. Con. Bear Res. and Manage，8：189－204.

Stirling I，Derocher A，1990. Factors affecting the evolution and behavioural ecology of the modern bears ［J］. Int. Con. Bear Res. and Manage. ，8：189－204.

Stirling I，Spencer C，Andriashek D，1989. Immobilisation of polar bears：Ursus maritimus with telazol in the Canadian arctic ［J］. J Wildl Dis，25：159.

Stirling L，1974. Midsummer observation on the behaviour of wild polar bears （*Ursus mariti-mus*） ［J］. Can. J. Zool. ，52：1191－1198.

Sunquist M，1987. Movement and habitat use of a sloth bear ［J］. Mammalia，46：545－547.

Thieme K，Kolter L，1995. Ruheverhalten and Nestbau von Brillenbaren （*Tremarctos orna-tus*） ［J］. Zeitschrift des Kolner Zoo，38：159－169.

Thieme K，Kolter L，1995. Ruheverhalten und Nestbau von Brillenbären （*Tremarctos orna-tus*） ［J］. Zeitschrift des Kölner Zoo，38：159－169.

Tomizawa N，Tsujimoto T，Itoh K，et al，1997. Chemical restraint of African lions （*Panthera leo*） with medetomidine－ketamine ［J］. J Vet Med Sci，59：307.

Tschanz B，Meyer－Holzapfel M，Bachmann S，1970. Das Informations－system bei Braun-baren ［J］. Z. Tierpsychol，27：47－72.

Tschanz B，Meyer － Holzapfel M，Bachmann S，1970. Das Inforrnationssystem bei Braunbären ［J］. Z. f. Tierpsychol，27：47－72.

Tsubota T，Yamamoto K，Mano T，et al，1991. Immobilisation of the free － ranging Hok-kaido brown bear，Ursus arctos yesoensis with ketamine hydrochloride and xylazine hydro-chloride ［J］. J Vet Med Sci. Apr. ，53 （2）：321－332.

Ueckermann，E. （19?）：Die Futterung des Schalenwildes. 3. Auflage，Paul Parey.

Ustinov S，1993. The Baikal region. In. Vaisfeld M. A & Chestin I. E. （eds. ）：Bears：Distribution, ecology, use and protection [J]. Moscow Nauka: 275 - 301.

Vaisfeld M, 1993. I. E. Chestin (eds): Bears: Distribution, ecology, use and protection [M]. Moscow Nauka.

Vaisfeld M, 1993. The North - East of European Russia [J]. In Vaisfeld M. A & Chestin I. E. (eds.): Bears: Distribution, ecology, use and protection, Moscow Nauka: 37 - 51.

van den Brink F, 1967. A field guide to the mammals of Britain and Europe [M]. London, Collins.

van der Eijk, 1996. Managing bears in the bear forest in Rhenen [J]. In Koene P. (ed.) Large bear enclosures, International Bear Foundation, Rhenen: 15 - 16.

Venables A, 1996. Fencing large bear enclosures [J]. In. Koene P. (ed.) Large bear enclosures, international Bear Foundation, Rhenen: 25 - 27.

Volf J, 1963. Einige Bermerkungen zur Aufzucht von Eisbaren (*Thalarctos Maritimus*) in Gefangenschaft Zool Garten [J]. Int. Zoo Yb, 28: 97 - 108.

Volf J, 1963. Bemerkungen zur Fortpflanzungsbiologie der Eisbaren [J]. Thalarctos maritimus (Philipps) in Gefangenschaft, Z. Saugetierkunde, 28: 163 - 166.

Vol. l 1, London, Taylor and Francis: 25 - 56.

Wang A, Chen Y, Zou L, et al, 2001. The effect of exogenous enzyme on the nutrient digestibility of diet in sun bear (*Helarctos malayanus*) incaptivity [J]. Journal of Economic Animal, 5 (1): 30 - 33.

Weber E, 1969. Notes on hand rearing a Malayan sun bear (*Helarctos Malayanus*) at Melbourne Zoo [J]. Int. Zoo Yb. , 9: 163.

Wechsler B, 1992. Stereotypies and attentiveness to novel stimuli: a test in polar bears [J]. Appl. An. Behav. Sc. , 33: 381 - 388.

Wechsler B, 1994. Zur Stabilitat von Bewegungsstereotypien bei Eisbaren [J]. Zool. Garten N. F, 64: 25 - 43.

Weinhardt D, 1993. The Spectacled Bear [J]. In Stirling I. (ed): Bears - A Complete Guide to Every Species, London, HarperCollins Pub: 134 - 139.

Wong S, 2002. The ecology of Malayan Sun bears (*Helarctos malayanus*) in the lowland tropical rainforest of Sabah, Malaysian Borneo M S [J]. University of Montana: 1 - 273.

Wong S, Servheen C, Ambu L, 2002. Food habits of Malayan sun bears in lowland tropical forests of Borneo [J]. Ursus, 13 (2): 127 - 136.

Yonzon P, Hunter M, 1989. Ecological study of the red panda in the NepalHimalayas [J]. In Glatston, A. R. (ed.): Red panda biology, The Hague, SPB Academic Publishing: 1 - 8.

Yudin V, 1993. Sakhalin and Kuril Islands. In Vaisfeld M. A & Chestin I. E. (eds). Bears: Distribution, ecology, use and protection [J]. Moscow Nauka: 403 - 420.

Yudin V, 1993. The Asian Black Bear [D]. In Vaisfeld M. A. & Chestin LE. (eds.): Bears: Distribution, ecology, use and protection, Moscow Nauka: 479 - 491.

Yudin V, 1993. The Asian Black Bear. In Vaisfeld M. A & Chestin I. E. (eds.): Bears: Distribution, ecology, use and protection [J]. Moscow Nauka: 479 – 491.

Yudin V, 1993. The South of the Far East [J]. In Vaisfeld M. A & Chestin I. E. (eds). Bears: Distribution, ecology, use and protection: 348 – 380.

Zander R, Kolter L, 1995. Familienzusammenfuhrung bei den Eisbaren des Kolner Zoos ein Ausnahmefall [J]. Zeitschrift des Kolner Zoo, 38: 113 – 122.

Zander R, Kolter L, 1995. Familienzusammenfuhrung bei den Eisbären des. Kölner Zoo – Ein Ausnahmefall [J]. Zeitschrift Kölner Zoo, 38: 113 – 121.

Zavatzkiy B, 1993. Middle Siberia, In Vaisfeld M. A. &. Chestin LE (eds.): Bears: Distribution, ecology, use and protection, Moscow Naula: 249 – 274.

Zavatzkiy B, 1993. Middle Siberia. In. Vaisfeld M. A & Chestin I. E. (eds). Bears: Distribution, ecology, use and protection [J]. Moscow Nauka: 249 – 274.

Zhang T, Zhang L, et al, 1999. Captive raising and breeding of sun bear [J]. Journal of Chinese Wildlife, 20 (3): 20 – 21.

Zhang Y, 1996. Genetic variability and conservation relevance of the sun bear as revealed by DNA sequences [J]. Zoological Research, 17 (4): 459 – 468.

Zhiryakov V, Grachev Yu A, 1993. Central Asia and Kazakhstan [J]. In. Vaisfeld M. A & Chestin I. E. (eds.): Bears: Distribution, ecology, use and protection, Moscow Nauka: 170 – 206.